国网蒙东电力
2023年度典型违章图册

国网内蒙古东部电力有限公司　组编

·北京·

图书在版编目（CIP）数据

国网蒙东电力2023年度典型违章图册 / 国网内蒙古东部电力有限公司组编. -- 北京 : 中国水利水电出版社, 2024.3
ISBN 978-7-5226-2385-6

Ⅰ. ①国… Ⅱ. ①国… Ⅲ. ①电力工程－违章作业－图集 Ⅳ. ①TM08-64

中国国家版本馆CIP数据核字(2024)第040035号

书　　名	**国网蒙东电力 2023 年度典型违章图册** GUOWANG MENGDONG DIANLI 2023 NIANDU DIANXING WEIZHANG TUCE
作　　者	国网内蒙古东部电力有限公司　组编
出版发行	中国水利水电出版社 （北京市海淀区玉渊潭南路 1 号 D 座　100038） 网址：www. waterpub. com. cn E - mail：sales@ mwr. gov. cn 电话：（010）68545888（营销中心）
经　　售	北京科水图书销售有限公司 电话：（010）68545874、63202643 全国各地新华书店和相关出版物销售网点
排　　版	中国水利水电出版社微机排版中心
印　　刷	北京印匠彩色印刷有限公司
规　　格	184mm×260mm　16 开本　11 印张　233 千字
版　　次	2024 年 3 月第 1 版　2024 年 3 月第 1 次印刷
印　　数	0001—8500 册
定　　价	**49. 00** 元

编 制 说 明

违章是事故之源，违章不除，安全生产永无宁日！反违章是消除风险隐患、遏制事故发生的有效手段，对保障安全生产有着不可替代的作用！为贯彻落实反违章管理各项工作要求，提高各级管理人员、作业人员对违章行为的辨识和预防能力，提升作业现场标准化水平，国网内蒙古东部电力有限公司（以下简称蒙东公司）安监部在2023年度国家电网有限公司、蒙东公司查纠违章的基础上，对违章进行分类和筛选，按照违章类别、专业两个维度，梳理并编制了《国网蒙东电力2023年度典型违章图册》。

本图册可作为公司各级单位开展反违章教育的培训教材，也可作为各级管理人员反违章纠察工作手册。各单位要认真组织各级管理人员、作业人员学习本图册和相关规章制度要求，有针对性地组织开展相关典型违章学习、讨论等活动，推动作业人员了解违章现象、掌握正确做法，避免“囫囵吞枣”式学习，有效防范违章事故重复发生。要引导教育全体干部员工知敬畏、明底线、守规矩，提高安全防范意识和自我保护能力，持续保持反违章高压态势，坚决扭转违章多发频发的被动局面，为保障公司安全稳定局面作出应有的贡献！

《 目 录

第一部分
反违章工作的基础知识

违章的定义

——违章是指在生产活动过程中，违反国家和电力行业安全生产法律法规、规程标准，违反公司安全生产规章制度、反事故措施、安全管理要求等，可能对人身、电网、设备和网络安全构成危害并容易诱发事故的“管理的不安全作为、人的不安全行为、物的不安全状态和环境的不安全因素”等。

反违章工作的定义

——反违章工作是指企业在预防违章、查处违章、整治违章等过程中，在制度建设、培训教育、现场管理、监督检查、评价考核等方面开展的相关工作。以“落实责任，健全机制，查防结合，以防为主”的基本原则，发挥安全保证体系和安全监督体系的共同作用，持续深入地开展工作。

违章类型

违章按类型分为管理违章、行为违章和装置违章三类进行管理。

——管理违章是指各级领导、管理人员违章指挥、强令冒险作业，不履行岗位安全职责，不落实安全管理要求，不健全安全规章制度，不执行安全规章制度等的不安全作为。

——行为违章是指现场作业人员在电力建设、运维检修、营销服务等生产活动过程中，违反保证安全的规程、规定、制度、反事故措施等的不安全行为。

——装置违章是指生产设备、设施、环境和作业使用的工器具及安全防护用品不满足规程、规定、标准、反事故措施等要求，导致不能可靠保证人身、电网、设备和网络安全的不安全状态和因素。

违章性质

违章按性质分为红线违章、严重违章和一般违章三级进行管控。

——红线违章是指可能直接造成人身伤害或重大责任事故的违章现象。

——严重违章是指国家电网公司严重违章清单中已明确的违章现象（按照严重程度由高至低分为Ⅰ至Ⅲ类），或性质恶劣且达不到红线违章标准的违章现象。

——一般违章是指达不到红线违章和严重违章标准的违章现象。

违章记分管理

——实施违章记分管理。违章记分是指按照考核记分、自查记分两类进行管理，并按照盟（市）公司、二级机构、班组、个人“四级”进行记分，记分周期为一个自然年。各盟（市）公司要分层分级建立本单位、二级机构、班组、个人安全绩效档案，如实记录违章情况。安全绩效档案作为领导干部、管理人员、一线职工安全履责评价以及评先评优等方面的重要依据。

违章记分抵减

——鼓励各盟（市）公司、二级机构、班组主动查处违章、自觉纠正违章、闭环整改违章。班组自查自纠、作业现场工作班成员间及时发现并纠正的违章按自查记分记录，不进行考核。对盟（市）公司、二级机构、班组的违章自查记分，按照 20%、10%、5% 的比例抵减上级违章考核记分，年终兑现。

第二部分 反违章工作的总体要求

反违章坚持的根本遵循

——党的十八大以来，习近平总书记对于安全生产工作作出了一系列重要指示批示，鲜明地提出了发展决不能以牺牲安全为代价的重要思想，强调“人民至上、生命至上”，深刻阐述了安全发展战略、安全责任落实等重要理论和应用方略，具有十分重要的政治意义、理论意义和实践指导意义。习近平总书记关于安全生产重要指示批示，对我们充分认识安全生产工作的长期性和艰巨性，深刻理解抓好反违章工作的重要性和紧迫性提供了根本遵循。

反违章坚持的指导思想

——一级抓一级、一级对一级负责、层层抓落实；“谁主管谁负责”“管业务必须管安全”。各专业部门、盟（市）公司、二级机构、一线班组要强化反违章主体责任落实，主动查现场、抓违章、保安全，推动反违章工作走深走实，落实落细。

反违章坚持的工作态度

——以“三铁”反“三违”，杜绝“三高”。“三铁”即铁的制度、铁的面孔、铁的处理；“三违”即违章指挥、违章作业、违反劳动纪律。“三高”即领导干部高高在上、基层员工高枕无忧、规章制度束之高阁。

反违章坚持的工作要求

——三个允许，三个不允许。即允许基础有差距，不允许思想有差距；允许技术有差距，不允许管理有差距；允许能力有差距，不允许努力有差距。

反违章正反向激励措施

——加大对无违章班组、无违章个人奖励力度，省市两级单位按年度、季度分别兑现奖励，表扬先进，鞭策后进，形成鲜明对比和舆论导向，推动员工从“要我安全”向“我要安全”转变，促进作业现场建立主动安全的良好氛围。

——加大对红线违章惩处力度，外来人员“闯红线即清退”，主业人员“闯红线即离

岗”，同步追究有关领导干部、管理人员责任，对违章考核记分达到限值的单位、班组、个人执行相应惩处措施，推动反违章工作实效运转。

违章是事故之源，违章不除，安全生产永无宁日！抓好反违章工作必须落实安全责任，端正工作态度，严肃工作要求。通过强有力、零容忍的反违章治理，不断强化全员“尊重生命、遵章守纪”的安全意识和行为自觉，形成各专业、各层级主动抓、主动管的良好局面，营造遵章守纪、共保安全的良好氛围。

第三部分
安全红线、严重违章清单及释义和典型违章图册

一、输电专业

输电专业“安全红线”

序号	分类	违章内容	违章性质	违章类别	违章记分
1	输电“红线”	无计划作业，或实际作业内容与计划不符。	红线违章	管理违章	12
2		无票（包括抢修票、工作票及分票、动火票等）工作、无令操作。	红线违章	行为违章	12
3		工作负责人（作业负责人、专责监护人）不在现场，或劳务分包人员担任工作负责人（作业负责人）。	红线违章	行为违章	12
4		未经工作票签发人审批临时变更作业范围、增加作业内容。	红线违章	管理违章	12
5		作业点未在接地线或接地刀闸保护范围内。	红线违章	管理违章	12
6		使用达到报废标准的或超出检验期的安全工器具。	红线违章	行为违章	12
7		未正确佩戴安全帽、使用安全带。	红线违章	行为违章	12
8		紧断线平移导线挂线作业未采取交替平移子导线的方式。	红线违章	管理违章	12
9		拉线、地锚、索道投入使用前未开展验收；组塔架线前未对地脚螺栓开展验收；验收不合格严禁投入使用。	红线违章	行为违章	12
10		有限空间作业未执行“先通风、再检测、后作业”要求；未正确设置监护人；未配置或不正确使用安全防护装备、应急救援装备。	红线违章	行为违章	12

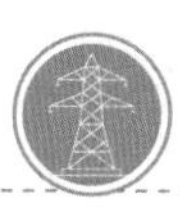

输电专业严重违章条款释义清单

编号	违章类别	严重违章内容	释 义
I类严重违章（14条）			
1	管理违章	无日计划作业，或实际作业内容与日计划不符。	1. 日作业计划（含临时计划、抢修计划）未录入安全风险管控监督平台。 2. 安全风险管控监督平台中日计划取消后，实际作业未取消。 3. 现场作业超出安全风险管控监督平台中作业计划范围。
2	管理违章	工作负责人（作业负责人、专责监护人）不在现场，或劳务分包人员担任工作负责人（作业负责人）。	1. 工作负责人（作业负责人、专责监护人）未到现场。 2. 工作负责人（作业负责人）暂时离开作业现场时，未指定能胜任的人员临时代替。 3. 工作负责人（作业负责人）长时间离开作业现场时，未由原工作票签发人变更工作负责人。 4. 专责监护人临时离开作业现场时，未通知被监护人员停止作业或离开作业现场。 5. 专责监护人长时间离开作业现场时，未由工作负责人变更专责监护人。 6. 劳务分包人员担任工作负责人（作业负责人）。
3	管理违章	未经工作许可（包括在客户侧工作时，未获客户许可），即开始工作。	1. 公司系统电网生产作业未经调度管理部门或设备运维管理单位许可，擅自开始工作。 2. 在用户管理的变电站或其他设备上工作时未经用户许可，擅自开始工作。

续表

编号	违章类别	严重违章内容	释　义
4	管理违章	无票（包括作业票、工作票及分票、操作票、动火票等）工作、无令操作。	1. 在运用中的电气设备上及相关场所工作，未按照《电力安全工作规程》（以下简称《安规》）规定使用工作票、事故紧急抢修单。 2. 未按照《安规》规定使用动火票。
5	管理违章	超出作业范围未经审批。	1. 在原工作票的停电及安全措施范围内增加工作任务时，未征得工作票签发人和工作许可人同意，未在工作票上增填工作项目。 2. 原工作票增加工作任务需变更或增设安全措施时，未重新办理新的工作票就履行签发、许可手续。
6	行为违章	作业点未在接地保护范围内。	1. 停电的设备上工作，可能来电的各方未在正确位置装设接地线（接地刀闸）。 2. 工作地段各端和工作地段内有可能反送电的各分支线（包括用户）未在正确位置装设接地线（接地刀闸）。 3. 作业人员擅自移动或拆除接地线（接地刀闸）。
7	行为违章	漏挂接地线或漏合接地刀闸。	1. 工作票所列的接地安全措施未全部完成即开始工作（同一张工作票多个作业点依次工作时，工作地段的接地安全措施未全部完成即开始工作）。 2. 配合停电的线路未按以下要求装设接地线： （1）交叉跨越、邻近线路在交叉跨越或邻近线路处附近装设接地线； （2）配合停电的同杆（塔）架设配电线路装设接地线与检修线路相同。

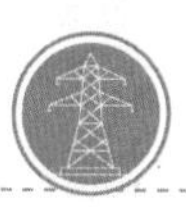

续表

编号	违章类别	严重违章内容	释　义
8	管理违章	同一工作负责人同时执行多张工作票。	同一工作负责人同时执行两张及以上工作票。
9	行为违章	存在高坠、物体打击风险的作业现场，人员未佩戴安全帽。	在高处作业、垂直交叉作业、深基坑作业、组塔架线、起重吊装等存在高坠、物体打击风险的作业区域内，人员未佩戴安全帽。
10	行为违章	组立杆塔、撤杆、撤线或紧线前未按规定采取防倒杆塔措施；架线施工前，未紧固地脚螺栓。	1. 拉线塔分解拆除时未先将原永久拉线更换为临时拉线再进行拆除作业。 2. 带张力断线或采用突然剪断导、地线的做法松线。 3. 耐张塔采取非平衡紧挂线前，未设置杆塔临时拉线和补强措施。 4. 杆塔整体拆除时，未增设拉线控制倒塔方向。 5. 地脚螺栓与螺母型号不匹配。 6. 架线施工前，未对地脚螺栓采取加垫板并拧紧螺帽。
11	管理违章	杆塔上有人作业时，调整或拆除拉线。	略。
12	行为违章	高处作业、攀登或转移作业位置时失去保护。	1. 高处作业未搭设脚手架、使用高空作业车、升降平台或采取其他防止坠落措施。 2. 在屋顶及其他危险的边沿工作，临空一面未装设安全网或防护栏杆，或作业人员未使用安全带。 3. 高处作业人员在转移作业位置时，失去安全保护。

续表

编号	违章类别	严重违章内容	释　　义
13	管理违章	使用达到报废标准的或超出检验期的安全工器具。	使用的个体防护装备（安全帽、安全带、安全绳、静电防护服、防电弧服、屏蔽服装等）、绝缘安全工器具（验电器、接地线、绝缘手套、绝缘靴、绝缘杆、绝缘遮蔽罩、绝缘隔板等）等专用工具和器具存在以下问题： （1）外观检查明显损坏或零部件缺失影响工器具防护功能； （2）超过有效使用期限； （3）试验或检验结果不符合国家或行业标准； （4）超出检验周期或检验时间涂改、无法辨认； （5）无有效检验合格证或检验报告。
14	行为违章	有限空间作业未执行“先通风、再检测、后作业”要求；未正确设置监护人；未配置或不正确使用安全防护装备、应急救援装备。	1. 电缆井、电缆隧道、深度超过 2m 的基坑及沟（槽）内且相对密闭、容易聚集易燃易爆及有毒气体的有限空间作业前未通风或气体检测浓度高于《国家电网有限公司有限空间作业安全工作规定》附录 7 规定要求。 2. 电缆井、电缆隧道、深度超过 2m 的基坑、沟（槽）内且相对密闭的有限空间作业未在入口设置监护人或监护人擅离职守。 3. 未根据有限空间作业的特点和应急预案、现场处置方案，配备使用气体检测仪、呼吸器、通风机等安全防护装备和应急救援装备；当作业现场无法通过目视、喊话等方式进行沟通时，未配备对讲机；在可能进入有害环境时，未配备满足作业安全要求的隔绝式或过滤式呼吸防护用品。

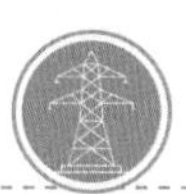

续表

编号	违章类别	严重违章内容	释　义
Ⅱ类严重违章（6条）			
15	管理违章	在带电设备附近作业前未计算校核安全距离；作业安全距离不够且未采取有效措施。	1. 在带电设备附近作业前，未根据带电体安全距离要求，对施工作业中可能进入安全距离内的人员、机具、构件等进行计算校核。 2. 在带电设备附近作业时，计算校核的安全距离与现场实际不符，不满足安全要求。 3. 在带电设备附近作业但安全距离不够时，未采取绝缘遮蔽或停电作业等有效措施。
16	管理违章	约时停、送电；带电作业约时停用或恢复重合闸。	1. 电力线路或电气设备的停、送电未按照值班调控人员或工作许可人的指令执行，采取约时停、送电的方式进行倒闸操作。 2. 需要停用重合闸或直流线路再启动功能的带电作业未由值班调控人员履行许可手续，就采取约时方式停用或恢复重合闸或直流线路再启动功能。
17	管理违章	拉线、地锚、索道投入使用前未计算校核受力情况。	1. 未根据拉线受力、环境条件等情况，选择必要安全系数并在留有足够裕度后计算拉线规格。 2. 未根据实际情况及规程规范计算确定地锚的布设数量及方式，未按照受力、地锚形式、土质等情况确定地锚承载力和具体埋设要求。 3. 未按索道设计运输能力、承力索规格、支撑点高度和高差、跨越物高度、索道挡距精确计算索道架设弛度。

续表

编号	违章类别	严重违章内容	释　义
18	管理违章	拉线、地锚、索道投入使用前未开展验收；组塔架线前未对地脚螺栓开展验收；验收不合格，未整改并重新验收合格即投入使用。	1. 拉线投入使用前未按照施工方案要求进行核查、验收，安全监理工程师或监理员未进行复验；现场未设置验收合格牌。 2. 地锚投入使用前未按施工方案及规程规范要求进行验收，安全监理工程师或监理员未进行复验；现场未设置验收合格牌。 3. 索道投入使用前未按施工方案及规程规范要求进行验收，安全监理工程师未复验，业主项目部安全专责未核验；现场未设置验收合格牌及索道参数牌。 4. 架线作业前未检查地脚螺栓垫板与塔脚板是否靠紧、两螺母是否紧固到位及防卸措施是否到位，安全监理工程师或监理员未进行复核；无基础及保护帽浇筑过程中的监理旁站记录。 5. 上述环节验收未合格即投入使用。
19	行为违章	个人保安接地线代替工作接地线使用。	1. 个人保安接地线代替工作接地线使用。 2. 使用其他导线作工作接地线。
20	行为违章	在电容性设备检修前未放电并接地，或结束后未充分放电；高压试验变更接线或试验结束时未将升压设备的高压部分放电、短路接地。	1. 电容性设备检修前、试验结束后未逐相放电并接地；星形接线电容器的中性点未接地。串联电容器或与整组电容器脱离的电容器未逐个多次放电；装在绝缘支架上的电容器外壳未放电；未装接地线的大电容被试设备未先行放电再做试验。 2. 高压试验变更接线或试验结束时，未将升压设备的高压部分放电、短路接地。

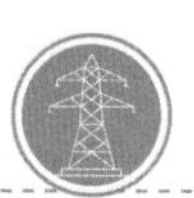

续表

编号	违章类别	严重违章内容	释　　义
Ⅲ类严重违章（25条）			
21	管理违章	现场作业人员未经安全准入考试并合格；新进、转岗和离岗3个月以上电气作业人员，未经专门安全教育培训，并经考试合格上岗。	1. 现场作业人员在安全风险管控监督平台中，无有效期内的准入合格记录。 2. 新进、转岗和离岗3个月以上电气作业人员，未经安全教育培训，并经考试合格上岗。
22	管理违章	不具备“三种人”资格的人员担任工作票签发人、工作负责人或许可人。	现场担任工作票签发人、工作负责人、工作许可人的人员未经地市级或县级单位培训考试合格后书面公布。
23	管理违章	设备无双重名称，或名称及编号不唯一、不正确、不清晰。	1. 设备无双重名称。 2. 线路无名称及杆号，同塔多回线路无双重称号。 3. 设备名称及编号、线路名称或双重称号不唯一、不正确、无法辨认。

续表

编号	违章类别	严重违章内容	释　义
24	行为违章	票面（包括作业票、工作票及分票、动火票等）缺少工作负责人、工作班成员签字等关键内容。	1. 工作票（包括作业票等）票种使用错误。 2. 工作票（含分票、工作任务单、动火票等）票面缺少工作许可人、工作负责人、工作票签发人、工作班成员（含新增人员）等签字信息；作业票缺少审核人、签发人、作业人员（含新增人员）等签字信息。 3. 工作票（含分票、工作任务单、动火票等）票面线路名称（含同杆多回线路双重称号）、设备双重名称填写错误；作业中工作票延期、工作负责人变更等未在票面上准确记录。 4. 工作票（含分票、工作任务单、动火票、作业票等）票面防触电、防高坠、防倒（断）杆等重要安全技术措施遗漏或错误。 5. 工作票（含分票、工作任务单、动火票、作业票等）签发、许可、计划开工、结束时间存在逻辑错误或与实际不符。 6. 票面（包括作业票、工作票及分票、动火票等）双重名称、编号或许可时间涂改。
25	行为违章	作业人员擅自穿越、跨越安全围栏、安全警戒线。	作业人员擅自穿越、跨越隔离检修设备与运行设备的遮拦（围栏）、高压试验现场围栏（安全警戒线）、人工挖孔基础作业孔口围栏等。

续表

编号	违章类别	严重违章内容	释　义
26	管理违章	未按规定开展现场勘察或未留存勘察记录；工作票（作业票）签发人和工作负责人均未参加现场勘察。	1.《国家电网有限公司作业安全风险管控工作规定》附录5“需要现场勘察的典型作业项目”未组织现场勘察或未留存勘察记录。 2. 工作票（作业票）签发人、工作负责人均未参加现场勘察。 3. 现场勘察记录缺少与作业相关的临近带电体、交叉跨越、周边环境、地形地貌、土质、临边等安全风险。
27	管理违章	三级及以上风险作业管理人员（含监理人员）未到岗到位进行管控。	1. 二级及以上风险作业，相关地市供电公司级单位或建设管理单位副总师及以上领导、专业管理部门负责人或省电力公司级单位专业管理部门人员未到岗到位。 2. 三级风险作业，相关地市供电公司级单位或建设管理单位专业管理部门人员、县供电公司级单位、二级机构负责人或专业管理部门人员未到岗到位。 3. 三级风险作业，监理未全程旁站；二级及以上风险作业，项目总监或安全监理未全程旁站。

续表

编号	违章类别	严重违章内容	释　　义
28	管理违章	安全风险管控监督平台上的作业开工状态与实际不符；作业现场未布设与安全风险管控监督平台作业计划绑定的视频监控设备，或视频监控设备未开机、未拍摄现场作业内容。	1. 现场实际在开工状态，安全风险管控监督平台上的作业状态为“未开工”或“已收工”。 2. 作业现场未布设与平台作业计划绑定的视频监控设备，或视频监控设备未开机、未拍摄现场作业内容。
29	管理违章	应拉断路器（开关）、应拉隔离开关（刀闸）、应拉熔断器、应合接地刀闸、作业现场装设的工作接地线未在工作票上准确登录；工作接地线未按票面要求准确登录安装位置、编号、挂拆时间等信息。	1. 工作票中应拉断路器（开关）、应拉隔离开关（刀闸）、应拉熔断器、应合接地刀闸、应装设的接地线未在工作票上准确登录。 2. 作业现场装设的工作接地线未全部列入工作票，未按票面要求准确登录安装位置、编号、挂拆时间等信息。

续表

编号	违章类别	严重违章内容	释　　义
30	管理违章	特种设备作业人员、特种作业人员、危险化学品从业人员未依法取得资格证书。	1. 涉及生命安全、危险性较大的压力容器（含气瓶）、压力管道、起重机械等特种设备作业人员，未依据《特种设备作业人员监督管理办法》（国家质量监督检验检疫总局令第 140 号）从特种设备安全监督管理部门取得特种作业人员证书。 2. 高（低）压电工、焊接与热切割作业、高处作业、危险化学品安全作业等特种作业人员，未依据《特种作业人员安全技术培训考核管理规定》（国家安全生产监督管理总局令第 30 号）从应急、住建等部门取得特种作业操作资格证书。 3. 特种设备作业人员、特种作业人员、危险化学品从业人员资格证书未按期复审。
31	行为违章	重要工序、关键环节作业未按施工方案或规定程序开展作业；作业人员未经批准擅自改变已设置的安全措施。	1. 电网生产高风险作业工序［《国家电网有限公司关于进一步加强生产现场作业风险管控工作的通知》（国家电网设备〔2022〕89 号）各专业“检修工序风险库”］及关键环节未按方案中作业方法、标准或规定程序开展作业。 2. 未经工作负责人和工作许可人双方批准，擅自变更安全措施。
32	管理违章	跨越带电线路展放导（地）线作业，跨越架、封网等安全措施均未采取。	1. 跨越带电线路展放导（地）线作业，未采取搭设跨越架及封网等措施。 2. 跨越电气化铁路展放导（地）线作业，未采取搭设跨越架及封网等措施。

续表

编号	违章类别	严重违章内容	释　义
33	行为违章	平衡挂线时，在同一相邻耐张段的同相导线上进行其他作业。	平衡挂线时，在同一相邻耐张段的同相（极）导线上进行其他作业。
34	行为违章	放线区段有跨越、平行输电线路时，导（地）线或牵引绳未采取接地措施。	1. 放线区段有跨越、平行带电线路时，牵引机及张力机出线端的导（地）线及牵引绳上未安装接地滑车。 2. 跨越不停电线路时，跨越挡两端的导线未接地。 3. 紧线作业区段内有跨越、平行带电线路时，作业点两侧未可靠接地。
35	行为违章	耐张塔挂线前，未使用导体将耐张绝缘子串短接。	略。
36	行为违章	导线高空锚线未设置二道保护措施。	1. 平衡挂线、导地线更换作业过程中，导线高空锚线未设置二道保护措施。 2. 更换绝缘子串和移动导线作业过程中，采用单吊（拉）线装置时，未设置防导线脱落的后备保护措施。
37	行为违章	脚手架、跨越架未经验收合格即投入使用。	1. 脚手架、跨越架搭设后未经使用单位（施工项目部）、监理单位验收合格，未挂验收牌，即投入使用。 2. 作业现场使用竹（木）脚手架。
38	行为违章	起吊或牵引过程中，受力钢丝绳周围、上下方、内角侧和起吊物下面，有人逗留或通过。	1. 起重机在吊装过程中，受力钢丝绳周围、吊臂或起吊物下方有人逗留或通过。 2. 绞磨机、牵引机、张力机等受力钢丝绳周围、上下方、内角侧等受力侧有人逗留或通过。

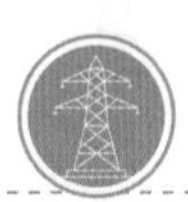

续表

编号	违章类别	严重违章内容	释　　义
39	行为违章	起重作业无专人指挥。	以下起重作业无专人指挥： （1）被吊重量达到起重设备额定起重量的80%； （2）两台及以上起重机械联合作业； （3）起吊精密物件、不易吊装的大件或在复杂场所（人员密集区、场地受限或存在障碍物）进行大件吊装； （4）起重机械在临近带电区域作业； （5）易燃易爆品必须起吊时； （6）起重机械设备自身的安装、拆卸； （7）新型起重机械首次在工程上应用。
40	行为违章	汽车式起重机作业前未支好全部支腿；支腿未按规程要求加垫木。	1. 汽车起重机作业过程中未按照设备操作规程支好全部支腿；支腿未加垫木（垫板）。 2. 起重机车轮、支腿或履带的前端、外侧与沟、坑边缘的距离小于沟、坑深度的1.2倍时，未采取防倾倒、防坍塌措施。
41	装置违章	链条葫芦、手扳葫芦、吊钩式滑车等装置的吊钩和起重作业使用的吊钩无防止脱钩的保险装置。	1. 使用中的链条葫芦、手扳葫芦吊钩无封口部件或封口部件失效。 2. 使用中的吊钩式起重滑车无防止脱钩的钩口闭锁装置或闭锁装置失效。 3. 起重作业中使用的吊钩无防止脱钩的保险装置或保险装置失效。

续表

编号	违章类别	严重违章内容	释 义
42	管理违章	绞磨、卷扬机放置不稳；锚固不可靠；受力前方有人；拉磨尾绳人员位于锚桩前面或站在绳圈内。	1. 绞磨、卷扬机未放置在平整、坚实、无障碍物的场地上。 2. 绞磨、卷扬机锚固在树木或外露岩石等承力大小不明物体上；地锚、拉线设置不满足现场实际受力安全要求。 3. 绞磨、卷扬机受力前方有人。 4. 拉磨尾绳人员位于锚桩前面或站在绳圈内。
43	行为违章	链条葫芦、施工机具超负荷使用。	链条葫芦、紧线器、吊索具、卸扣等超过出厂说明书、铭牌或检测试验报告等规定的承载值，超负荷使用。
44	行为违章	使用起重机作业时，吊物上站人，作业人员利用吊钩上升或下降。	略。
45	装置违章	吊车未安装限位器。	吊车未安装限位器或限位器失效。

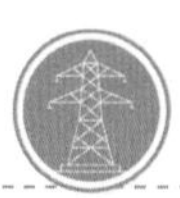

输电专业典型违章图册

（一）红线违章

序号	红 线 违 章		
1		违章内容	无计划作业。
		违反条款	《国网蒙东电力“安全红线”》输电专业第1条：无计划作业，或实际作业内容与计划不符。

（二）I类严重违章

序号	I 类 严 重 违 章		
2		违章内容	组立塔过程，作业人员转位时失去保护。
		违反条款	《典型违章库——生产线路部分》第12条：高处作业、攀登或转移作业位置时失去保护。

续表

序号	I 类严重违章		
3	 	违章内容	线路检修人员，高处作业失去保护。
		违反条款	《典型违章库——生产线路部分》第 12 条：高处作业、攀登或转移作业位置时失去保护。

（三）II类严重违章

序号	II 类严重违章		
4		违章内容	地脚螺栓未拧紧即开展架线作业。
		违反条款	《典型违章库——生产线路部分》第 18 条：拉线、地锚、索道投入使用前未开展验收；组塔架线前未对地脚螺栓开展验收；验收不合格，未整改并重新验收合格即投入使用。

（四）Ⅲ类严重违章

序号	Ⅲ类严重违章		
5		违章内容	导线高空锚线未设置二道保护措施。
		违反条款	《典型违章库——生产线路部分》第36条：导线高空锚线未设置二道保护措施。
6		违章内容	吊车吊钩无防止脱钩的保险装置。
		违反条款	《典型违章库——生产线路部分》第41条：链条葫芦、手扳葫芦、吊钩式滑车等装置的吊钩和起重作业使用的吊钩无防止脱钩的保险装置。

续表

序号	Ⅲ类严重违章		
7		违章内容	耐张塔挂线作业绝缘子串未短接。
		违反条款	《典型违章库——生产线路部分》第 35 条：耐张塔挂线前，未使用导体将耐张绝缘子串短接。
8		违章内容	汽车式起重机作业前未将支腿全部支好。
		违反条款	《典型违章库——生产线路部分》第 40 条：汽车式起重机作业前未支好全部支腿；支腿未按规程要求加垫木。
9		违章内容	现场未按照方案要求使用绞磨起吊导线。
		违反条款	《典型违章库——生产线路部分》第 31 条：重要工序、关键环节作业未按施工方案或规定程序开展作业；作业人员未经批准擅自改变已设置的安全措施。

（五）一般违章

序号	一　般　违　章		
10		违章内容	钢丝绳插接长度不足300mm。
		违反条款	《典型违章库——生产线路部分》第90条：插接的环绳或绳套，其插接长度小于钢丝绳直径的15倍，或小于0.3m。
11		违章内容	安全带低挂高用。
		违反条款	《典型违章库——生产线路部分》第53条：安全带低挂高用。

续表

序号	一般违章		
12		违章内容	卸扣销轴扣在活动的钢丝绳套内。
		违反条款	《典型违章库——生产线路部分》第93条：卸扣处于吊件的转角处。卸扣横向受力。
13		违章内容	跨越架的中心未在线路中心线上。
		违反条款	《典型违章库——生产线路部分》第73条：跨越架搭设不规范。

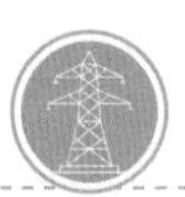

续表

序号	一般违章		
14		违章内容	绞磨机拉尾绳仅有1人。
		违反条款	《典型违章库——生产线路部分》第98条：绞磨作业时，拉磨尾绳少于2人。
15		违章内容	高处作业，工具袋未固定牢固。
		违反条款	《典型违章库——生产线路部分》第54条：杆塔上作业，需要携带工具时未使用工具袋，较大的工具未固定在牢固的构件上。

续表

序号	一般违章		
16		违章内容	高压验电时，手握位置超过护环。
		违反条款	《典型违章库——生产线路部分》第 89 条：使用绝缘操作杆、验电器和测量杆时，长度未拉足或作业人员手越过护环或手持部分的界限。
17		违章内容	现场专责监护人兼做其他工作。
		违反条款	《典型违章库——生产线路部分》第 49 条：施工现场的专责监护人兼做其他工作。

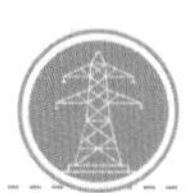

续表

序号	一 般 违 章		
18		违章内容	拉线绳卡压板不在受力侧，绳卡正反交叉设置。
		违反条款	《典型违章库——生产线路部分》第103条：钢丝绳端部用绳卡固定连接时，绳卡压板不在钢丝绳主要受力的一边，绳卡正反交叉设置，绳卡少于规定数量。
19		违章内容	安全带后备保护绳对接使用。
		违反条款	《典型违章库——生产线路部分》第50条：在杆塔上作业时，安全带和后备保护绳未分别挂在杆塔不同部位的牢固构件上，安全带后备保护绳对接使用或超过3m未使用缓冲器。

续表

序号	一般违章		
20		违章内容	临近道路施工未设置围栏及警示标志。
		违反条款	《典型违章库——生产线路部分》第 88 条：在城区、人口密集区地段或交通道口和通行道路上施工时，工作场所周围未装设遮拦（围栏）和标示牌。
21		违章内容	后备保护绳超过 3m 无缓冲器。
		违反条款	《典型违章库——生产线路部分》第 50 条：在杆塔上作业时，安全带和后备保护绳未分别挂在杆塔不同部位的牢固构件上，安全带后备保护绳对接使用或超过 3m 未使用缓冲器。

续表

序号	一般违章		
22		违章内容	放线盘无制动装置。
		违反条款	《典型违章库——生产线路部分》第72条: 放线、紧线，线盘架不稳固、制动不可靠。
23		违章内容	吊装带破损。
		违反条款	《典型违章库——生产线路部分》第105条：汽车起重机行驶时，未将臂杆放在支架上，未将吊钩挂在挂钩上，未将钢丝绳收紧，吊绳出现松股、散股等。

续表

序号	一般违章		
24		违章内容	绞磨机转动部分缺少防护罩。
		违反条款	《典型违章库——生产线路部分》第 111 条：施工机械设备转动部分无防护罩或牢固的遮拦。
25		违章内容	绞磨机卷筒牵引绳少于 5 圈。
		违反条款	《典型违章库——生产线路部分》第 97 条：牵引绳从绞磨（卷扬机）卷筒上方卷入，在卷筒上少于 5 圈（卷扬机 3 圈）。

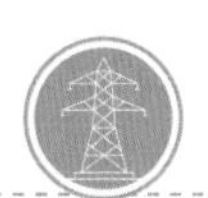

续表

序号	一般违章		
26		违章内容	基坑缺少临边围栏。
		违反条款	《典型违章库——生产线路部分》第77条：在超过1.5m深的基坑内作业时，未做好临边防护措施。
27		违章内容	跨越作业，未设置专人看守。
		违反条款	《典型违章库——生产线路部分》第71条：交叉跨越公路放、撤线时，未采取封路、看守等安全措施。

续表

<table>
<tr><th>序号</th><th colspan="3">一 般 违 章</th></tr>
<tr><td rowspan="2">28</td><td rowspan="2"> </td><td>违章内容</td><td>钢管跨越架钢管立杆底部未设置金属底座或垫木。</td></tr>
<tr><td>违反条款</td><td>《典型违章库——生产线路部分》第 73 条：跨越架搭设不规范。</td></tr>
<tr><td rowspan="2">29</td><td rowspan="2"> </td><td>违章内容</td><td>戴手套使用锤子，且周围有人靠近。</td></tr>
<tr><td>违反条款</td><td>《典型违章库——生产线路部分》第 117 条：戴手套或单手抡大锤，周围有人靠近。</td></tr>
</table>

二、变电专业

变电专业“安全红线”

序号	分类	违章内容	违章性质	违章类别	违章记分
1	变电“红线”	无计划作业，或实际作业内容与计划不符。	红线违章	管理违章	12
2		无票（包括抢修票、工作票及分票、操作票、动火票等）工作、无令操作。	红线违章	行为违章	12
3		无监护情况下操作或工作负责人（专责监护人）擅自离开作业现场。	红线违章	管理违章	12
4		未经工作票签发人审批，临时变更作业范围、增加作业内容。	红线违章	行为违章	12
5		作业点未在接地线或接地刀闸保护范围内。	红线违章	行为违章	12
6		使用达到报废标准的或超出检验期的安全工器具。	红线违章	行为违章	12
7		未正确佩戴安全帽、使用安全带。	红线违章	行为违章	12
8		未经运维单位分管生产领导批准，使用解锁钥匙。	红线违章	行为违章	12
9		在带电设备周围使用钢卷尺、金属梯等禁止使用的工器具。	红线违章	行为违章	12
10		倒闸操作中不按规定检查设备实际位置，不确认设备操作到位情况。	红线违章	行为违章	12

变电专业严重违章条款释义清单

编号	违章类别	严重违章内容	释　　义
Ⅰ类严重违章（13 条）			
1	管理违章	无日计划作业，或实际作业内容与日计划不符。	1. 日作业计划（含临时计划、抢修计划）未录入安全风险管控监督平台。 2. 安全风险管控监督平台中日计划取消后，实际作业未取消。 3. 现场作业超出安全风险管控监督平台中作业计划范围。
2	管理违章	超出作业范围未经审批。	1. 在原工作票的停电及安全措施范围内增加工作任务时，未征得工作票签发人和工作许可人同意，未在工作票上增填工作项目。 2. 原工作票增加工作任务需变更或增设安全措施时，未重新办理新的工作票，并履行签发、许可手续。
3	行为违章	高处作业、攀登或转移作业位置时失去安全保护。	1. 高处作业未搭设脚手架，使用高空作业车、升降平台或采取其他防止坠落措施。 2. 在屋顶及其他危险的边沿工作，临空一面未装设安全网或防护栏杆或作业人员未使用安全带。 3. 高处作业人员在转移作业位置时，失去安全保护。
4	管理违章	未经工作许可（包括在客户侧工作时，未获客户许可），即开始工作。	1. 公司系统电网生产作业未经调度管理部门或设备运维管理单位许可，擅自开始工作。 2. 在用户管理的变电站或其他设备上工作时未经用户许可，擅自开始工作。

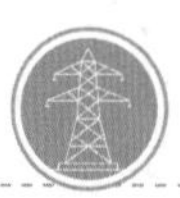

续表

编号	违章类别	严重违章内容	释　　义
5	管理违章	工作负责人（作业负责人、专责监护人）不在现场，或劳务分包人员担任工作负责人（作业负责人）。	1. 工作负责人（作业负责人、专责监护人）未到现场。 2. 工作负责人（作业负责人）暂时离开作业现场时，未指定能胜任的人员临时代替。 3. 工作负责人（作业负责人）长时间离开作业现场时，未由原工作票签发人变更工作负责人。 4. 专责监护人临时离开作业现场时，未通知被监护人员停止作业或离开作业现场。 5. 专责监护人长时间离开作业现场时，未由工作负责人变更专责监护人。 6. 劳务分包人员担任工作负责人（作业负责人）。
6	管理违章	作业人员不清楚工作任务、危险点。	1. 工作负责人（作业负责人）不了解现场所有的工作内容，不掌握危险点及安全防控措施。 2. 专责监护人不掌握监护范围内的工作内容、危险点及安全防控措施。 3. 作业人员不熟悉本人参与的工作内容，不掌握危险点及安全防控措施。

续表

编号	违章类别	严重违章内容	释　义
7	管理违章	有限空间作业未执行“先通风、再检测、后作业”要求；未正确设置监护人；未配置或不正确使用安全防护装备、应急救援装备。	1. 电缆井、电缆隧道、深度超过 2m 的基坑及沟（槽）等相对密闭、容易聚集易燃易爆及有毒气体的有限空间作业前未通风或气体检测浓度高于《国家电网有限公司有限空间作业安全工作规定》附录 7 规定要求。 2. 电缆井、电缆隧道、深度超过 2m 的基坑、沟（槽）等相对密闭的有限空间作业未在入口设置监护人或监护人擅离职守。 3. 未根据有限空间作业的特点和应急预案、现场处置方案，配备使用气体检测仪、呼吸器、通风机等安全防护装备和应急救援装备；当作业现场无法通过目视、喊话等方式进行沟通时，未配备对讲机；在可能进入有害环境时，未配备满足作业安全要求的隔绝式或过滤式呼吸防护用品。
8	管理违章	同一工作负责人同时执行多张工作票。	同一工作负责人同时执行两张及以上工作票。
9	行为违章	在存在高坠、物体打击风险的作业现场，人员未佩戴安全帽。	在高处作业、垂直交叉作业、起重吊装等存在高坠、物体打击风险的作业区域内，人员未佩戴安全帽。

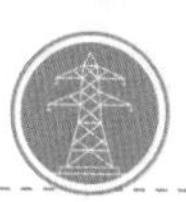

续表

编号	违章类别	严重违章内容	释　　义
10	管理违章	无票（包括作业票、工作票及分票、操作票、动火票等）工作、无令操作。	1. 在运用中的电气设备上及相关场所工作，未按照《安规》规定使用工作票、事故紧急抢修单。 2. 未按照《安规》规定使用施工作业票。 3. 未使用审核合格的操作票进行倒闸操作。 4. 未根据值班调控人员或运维负责人正式发布的指令进行倒闸操作。 5. 在油罐区、注油设备、电缆间、计算机房、换流站阀厅等防火重点部位（场所）以及政府部门、本单位划定的禁止明火区动火作业时，未使用动火票。
11	管理违章	使用达到报废标准的或超出检验期的安全工器具。	使用的个体防护装备（安全帽、安全带、安全绳、静电防护服、防电弧服、屏蔽服装等）、绝缘安全工器具（验电器、接地线、绝缘手套、绝缘靴、绝缘杆、绝缘遮蔽罩、绝缘隔板等）等专用工具和器具存在以下问题： （1）外观有明显损坏或零部件缺失影响工器具防护功能； （2）超过有效使用期限； （3）试验或检验结果不符合国家或行业标准； （4）超出检验周期或检验时间涂改、无法辨认； （5）无有效检验合格证或检验报告。
12	行为违章	漏挂接地线或漏合接地刀闸。	工作票所列的接地安全措施未全部完成即开始工作。

续表

编号	违章类别	严重违章内容	释　义
13	行为违章	作业点未在接地保护范围内。	1. 停电的设备上工作，可能来电的各方未在正确位置装设接地线（接地刀闸）。 2. 作业人员擅自移动或拆除接地线（接地刀闸）。
Ⅱ类严重违章（9 条）			
14	行为违章	在带电设备周围使用钢卷尺、金属梯等禁止使用的工器具。	1. 在带电设备周围使用钢卷尺、皮卷尺和线尺（夹有金属丝者）进行测量工作。 2. 在变、配电站（开关站）的带电区域内或临近带电设备处，使用金属梯子、金属脚手架等。
15	行为违章	擅自开启高压开关柜门、检修小窗，擅自移动绝缘挡板。	1. 擅自开启高压开关柜门、检修小窗。 2. 高压开关柜内手车开关拉出后，隔离带电部位的挡板未可靠封闭或擅自开启隔离带电部位的挡板。 3. 擅自移动绝缘挡板（隔板）。

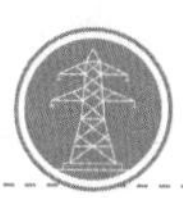

续表

编号	违章类别	严重违章内容	释　　义
16	行为违章	随意解除闭锁装置，或擅自使用解锁工具（钥匙）。	1. 断路器、隔离开关和接地刀闸电气闭锁回路使用重动继电器。 2. 机械闭锁装置未可靠锁死电气设备的传动机构。 3. 微机防误装置（系统）主站远方遥控操作、就地操作未实现强制闭锁功能。 4. 就地防误装置不具备高压电气设备及其附属装置就地操作机构的强制闭锁功能。 5. 高压开关柜带电显示装置未接入“五防”闭锁回路，未实现与接地刀闸或柜门（网门）的联锁。 6. 防误闭锁装置未与主设备同时设计、同时安装、同时验收投运；新建、改（扩）建变电工程或主设备经技术改造后，防误闭锁装置未与主设备同时投运。 7. 正常情况下，防误装置解锁或退出运行。 8. 特殊情况下，防误装置解锁未执行下列规定： （1）若遇危及人身、电网和设备安全等紧急情况需要解锁操作，可由变电运维班当值负责人或发电厂当值值长下令紧急使用解锁工具（钥匙）； （2）防误装置及电气设备出现异常要求解锁操作，应经运维管理部门防误操作装置专责人或运维管理部门指定并经书面公布的人员到现场核实无误并签字后，由变电站运维人员告知当值调控人员，方可使用解锁工具（钥匙），并在运维人员监护下操作。不得使用万能钥匙或一组密码全部解锁等解锁工具（钥匙）。

续表

编号	违章类别	严重违章内容	释　　义
17	行为违章	倒闸操作前不核对设备名称、编号、位置，不执行监护复诵制度或操作时漏项、跳项。	略。
18	行为违章	倒闸操作中不按规定检查设备实际位置，不确认设备操作到位情况。	1. 倒闸操作后未到现场检查断路器、隔离开关、接地刀闸等设备实际位置并确认操作到位。 2. 无法看到实际位置时，未通过至少 2 个非同样原理或非同源指示（设备机械位置指示、电气指示、带电显示装置、仪表及各种遥测、遥信信号等）的变化进行判断确认。
19	行为违章	超允许起重量起吊。	1. 起重设备、吊索具和其他起重工具的工作负荷，超过铭牌规定。 2. 没有制造厂铭牌的各种起重机具，未经查算及荷重试验使用。 3. 特殊情况下需超铭牌使用时，未经过计算和试验，未经本单位分管生产的领导或总工程师批准。

续表

编号	违章类别	严重违章内容	释　义
20	行为违章	在电容性设备检修前未放电并接地，或结束后未充分放电；高压试验变更接线或试验结束时未将升压设备的高压部分放电、短路接地。	1. 电容性设备检修前、试验结束后未逐相放电并接地；星形接线电容器的中性点未接地。串联电容器或与整组电容器脱离的电容器未逐个多次放电；装在绝缘支架上的电容器外壳未放电；未装接地线的大电容被试设备未先行放电再做试验。 2. 高压试验变更接线或试验结束时，未将升压设备的高压部分放电、短路接地。
21	行为违章	在继保屏上作业时，运行设备与检修设备无明显标志隔开，或在保护盘上或附近进行振动较大的工作时，未采取防跳闸（误动）的安全措施。	1. 在继保屏上作业时，未将检修设备与运行设备以明显的标志隔开。 2. 检修设备所在屏柜上还有其他运行设备，屏柜内的运行设备未和检修设备有明显标志隔离，与运行设备有关的压板、切换开关、空气开关等附件未做禁止操作标志。 3. 在运行的继电保护、安全自动装置屏附近开展振动较大的工作，有可能影响运行设备安全时，未采取防止运行设备误动作的措施。

续表

编号	违章类别	严重违章内容	释　　义
22	行为违章	继电保护、直流控保、稳控装置等定值计算、调试错误，误动、误碰、误（漏）接线。	1. 继电保护、直流控保、稳控装置等定值计算、调试错误或版本使用错误。 2. 智能变电站继电保护、合并单元、智能终端等配置文件设置错误。 3. 误动、误碰运行二次回路或误（漏）接线。 4. 在一次设备送电前，未组织检查保护装置（含稳控装置）运行状态，保护装置（含稳控装置）异常告警。 5. 系统一次运行方式变更或在保护装置（含稳控装置）上进行工作时，未按规定变更硬（软）压板、空开、操作把手等运行状态。
Ⅲ类严重违章（26 条）			
23	管理违章	将高风险作业定级为低风险作业。	三级及以上作业风险定级低于实际风险等级。
24	管理违章	现场作业人员未经安全准入考试并合格；新进、转岗和离岗 3 个月以上的电气作业人员，未经专门安全教育培训，并经考试合格上岗。	1. 现场作业人员在安全风险管控监督平台中，无有效期内的准入合格记录。 2. 新进、转岗和离岗 3 个月以上的电气作业人员，未经安全教育培训，并经考试合格上岗。

续表

编号	违章类别	严重违章内容	释　　义
25	管理违章	安全风险管控监督平台上的作业开工状态与实际不符；作业现场未布设与平台作业计划绑定的视频监控设备，或视频监控设备未开机、未拍摄现场作业内容。	1. 现场实际在开工状态，安全风险管控监督平台上的作业状态为“未开工”或“已收工”。 2. 作业现场未布设与平台作业计划绑定的视频监控设备，或视频监控设备未开机、未拍摄现场作业内容。
26	行为违章	重要工序、关键环节作业未按施工方案或规定程序开展作业；作业人员未经批准擅自改变已设置的安全措施。	1. 电网生产高风险作业工序［《国家电网有限公司关于进一步加强生产现场作业风险管控工作的通知》（国家电网设备〔2022〕89号）各专业“检修工序风险库”］及关键环节未按方案中作业方法、标准或规定程序开展作业。 2. 未经工作负责人和工作许可人双方批准，擅自变更安全措施。
27	行为违章	未按规定开展现场勘察或未留存勘察记录；工作票（作业票）签发人和工作负责人均未参加现场勘察。	1.《国家电网有限公司作业安全风险管控工作规定》附录5“需要现场勘察的典型作业项目”未组织现场勘察或未留存勘察记录。 2. 工作票（作业票）签发人、工作负责人均未参加现场勘察。 3. 现场勘察记录缺少与作业相关的临近带电体等安全风险。

续表

编号	违章类别	严重违章内容	释　　义
28	行为违章	作业人员擅自穿、跨越安全围栏、安全警戒线。	作业人员擅自穿、跨越隔离检修设备与运行设备的遮拦（围栏）、高压试验现场围栏（安全警戒线）、人工挖孔基础作业孔口围栏等。
29	管理违章	三级及以上风险作业管理人员（含监理人员）未到岗到位进行管控。	1. 二级及以上风险作业，相关地市供电公司级单位或建设管理单位副总师及以上领导、专业管理部门负责人或省电力公司级单位专业管理部门人员未到岗到位。 2. 三级风险作业，相关地市供电公司级单位或建设管理单位专业管理部门人员、县供电公司级单位、二级机构负责人或专业管理部门人员未到岗到位。 3. 三级风险作业，监理未全程旁站；二级及以上风险作业，项目总监或安全监理未全程旁站。
30	管理违章	特种设备作业人员、特种作业人员、危险化学品从业人员未依法取得资格证书。	1. 涉及生命安全、危险性较大的压力容器（含气瓶）、压力管道、起重机械等特种设备作业人员，未依据《特种设备作业人员监督管理办法》（国家质量监督检验检疫总局令第 140 号）从特种设备安全监督管理部门取得特种作业人员证书。 2. 高（低）压电工、焊接与热切割作业、高处作业、危险化学品安全作业等特种作业人员，未依据《特种作业人员安全技术培训考核管理规定》（国家安全生产监督管理总局令第 30 号）从应急、住建等部门取得特种作业操作资格证书。 3. 特种设备作业人员、特种作业人员、危险化学品从业人员资格证书未按期复审。

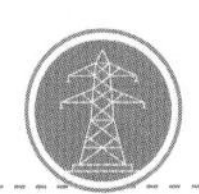

续表

编号	违章类别	严重违章内容	释　　义
31	管理违章	不具备“三种人”资格的人员担任工作票签发人、工作负责人或许可人。	现场担任工作票签发人、工作负责人、工作许可人的人员未经地市级或县级单位培训考试合格后书面公布。
32	行为违章	票面（包括作业票、工作票及分票、动火票等）缺少工作负责人、工作班成员签字等关键内容。	1. 工作票(包括作业票等)票种使用错误。 2. 工作票（含分票、工作任务单、动火票等）票面缺少工作许可人、工作负责人、工作票签发人、工作班成员（含新增人员）等签字信息；作业票缺少审核人、签发人、作业人员（含新增人员）等签字信息。 3. 工作票（含分票、工作任务单、动火票等）票面设备双重名称填写错误；作业中工作票延期、工作负责人变更等未在票面上准确记录。 4. 工作票（含分票、工作任务单、动火票、作业票等）票面防触电、防高坠等重要安全技术措施遗漏或错误。 5. 操作票票面发令人、受令人、操作人员、监护人员等漏填或漏签。操作设备双重名称，拉合开关、刀闸的顺序以及位置检查、验电、装拆接地线(拉合接地刀闸)、投退保护压板（软压板）等关键内容遗漏或错误；操作确认记录漏项、跳项。 6. 操作票发令、操作开始、操作结束时间以及工作票（含分票、工作任务单、动火票、作业票等）签发、许可、计划开工、结束时间存在逻辑错误或与实际不符。 7.票面(包括作业票、工作票及分票、动火票、操作票等）双重名称、编号或许可时间涂改。

续表

编号	违章类别	严重违章内容	释　　义
33	管理违章	应拉断路器（开关）、应拉隔离开关（刀闸）、应拉熔断器、应合接地刀闸、作业现场装设的工作接地线未在工作票上准确登录；工作接地线未按票面要求准确登录安装位置、编号、挂拆时间等信息。	1. 工作票中应拉断路器（开关）、应拉隔离开关（刀闸）、应拉熔断器、应合接地刀闸、应装设的接地线未在工作票上准确登录。 2. 作业现场装设的工作接地线未全部列入工作票，未按票面要求准确登录安装位置、编号、挂拆时间等信息。
34	管理违章	设备无双重名称，或名称及编号不唯一、不正确、不清晰。	1. 设备无双重名称。 2. 设备名称及编号不唯一、不正确、无法辨认。
35	行为违章	链条葫芦超负荷使用。	链条葫芦超过出厂说明书、铭牌或检测试验报告等规定的承载值，超负荷使用。
36	行为违章	使用起重机作业时，吊物上站人，作业人员利用吊钩上升或下降。	略。

续表

编号	违章类别	严重违章内容	释　义
37	行为违章	起吊或牵引过程中，受力钢丝绳周围、上下方、内角侧和起吊物下面，有人逗留或通过。	1. 起重机在吊装过程中，受力钢丝绳周围、吊臂或起吊物下方有人逗留或通过。 2. 绞磨机、牵引机、张力机等受力钢丝绳周围、上下方、内角侧等受力侧有人逗留或通过。
38	行为违章	使用金具U形环代替卸扣；使用普通材料的螺栓取代卸扣销轴。	1. 起吊作业使用金具U形环代替卸扣。 2. 使用普通材料的螺栓取代卸扣销轴。
39	行为违章	起重作业无专人指挥。	以下起重作业无专人指挥： （1）被吊重量达到起重设备额定起重量的80%； （2）两台及以上起重机械联合作业； （3）起吊精密物件、不易吊装的大件或在复杂场所（人员密集区、场地受限或存在障碍物）进行大件吊装； （4）起重机械在临近带电区域作业； （5）易燃易爆品必须起吊时； （6）起重机械设备自身的安装、拆卸； （7)新型起重机械首次在工程上应用。
40	行为违章	汽车式起重机作业前未支好全部支腿；支腿未按规程要求加垫木。	1. 汽车起重机作业过程中未按照设备操作规程支好全部支腿；支腿未加垫木（垫板）。 2. 起重机车轮、支腿或履带的前端、外侧与沟、坑边缘的距离小于沟、坑深度的1.2倍时，未采取防倾倒、防坍塌措施。

续表

编号	违章类别	严重违章内容	释　　义
41	管理违章	链条葫芦、手扳葫芦、吊钩式滑车等装置的吊钩和起重作业使用的吊钩无防止脱钩的保险装置。	1. 使用中的链条葫芦、手扳葫芦吊钩无封口部件或封口部件失效。 2. 使用中的吊钩式起重滑车无防止脱钩的钩口闭锁装置或闭锁装置失效。 3. 起重作业中使用的吊钩无防止脱钩的保险装置或保险装置失效。
42	装置违章	起重机无限位器，或起重机械上的限制器、联锁开关等安全装置失效。	1. 投入使用的各式起重机未根据需要安设过卷扬限制器、过负荷限制器、起重臂俯仰限制器、行程限制器、联锁开关等安全装置，或安全装置失效。 2. 投入使用的各式起重机的起升、变幅、运行、旋转机构未装设制动器，或制动器失效。 3. 臂架式起重机未设有力矩限制器和幅度指示器。 4. 铁路起重机未安有夹轨钳。
43	行为违章	高压带电作业未穿戴绝缘手套等绝缘防护用具；高压带电断、接引线或带电断、接空载线路时未戴护目镜。	1. 等电位作业人员未在衣服外面穿合格的全套屏蔽服（包括帽、衣裤、手套、袜和鞋，750kV、1000kV 等电位作业人员还应戴面罩），或屏蔽服各部分未连接良好。 2. 高压带电断、接引线或带电断、接空载线路作业时未戴护目镜。

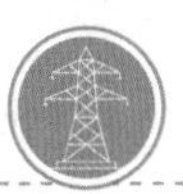

续表

编号	违章类别	严重违章内容	释　　义
44	行为违章	在互感器二次回路上工作，未采取防止电流互感器二次回路开路，电压互感器二次回路短路的措施。	1. 短路电流互感器二次绕组时，短路片或短路线连接不牢固，或用导线缠绕。 2. 在带电的电压互感器二次回路上工作时，工器具（毛刷、螺丝刀）的金属部分未做好绝缘防护措施。
45	行为违章	脚手架、跨越架未经验收合格即投入使用。	1. 脚手架、跨越架搭设后未经使用单位（施工项目部）、监理单位验收合格，未挂验收牌，即投入使用。 2. 作业现场使用竹（木）脚手架。
46	行为违章	安全带的挂钩或绳子挂在移动或不牢固的物件上［如隔离开关（刀闸）支持绝缘子、CVT 绝缘子、母线支柱绝缘子、避雷器支柱绝缘子等］。	安全带和后备保护绳挂在移动或不牢固的物件上［如隔离开关（刀闸）支持绝缘子、CVT 绝缘子、母线支柱绝缘子、避雷器支柱绝缘子等］。

续表

编号	违章类别	严重违章内容	释　义
47	行为违章	在易燃易爆或禁火区域携带火种、使用明火、吸烟；未采取防火等安全措施在易燃物品上方进行焊接，下方无监护人。	1. 在储存或加工存有易燃易爆危险化学品（汽油、乙醇、乙炔、液化气体、爆破用雷管等《危险货物品名表》《危险化学品名录》所列易燃易爆品）等具有火灾、爆炸危险的场所和地方政府划定的森林草原防火区及森林草原防火期，地方政府划定的禁火区及禁火期、含油设备周边等禁火区域携带火种、使用明火、吸烟或动火作业。 2. 在易燃物品上方进行焊接，未采取防火隔离、防护等安全措施，下方无监护人。
48	行为违章	动火作业前，未将盛有或盛过易燃易爆等化学危险物品的容器、设备、管道等生产、储存装置与生产系统隔离，未清洗置换，未检测可燃气体（蒸气）含量，或可燃气体（蒸气）含量不合格即动火作业。	1. 动火作业前，未将盛有或盛过易燃易爆等化学危险物品（汽油、乙醇、乙炔、液化气体等《危险货物品名表》《危险化学品名录》所列化学危险物品）的容器、设备、管道等生产、储存装置与生产系统隔离，未清洗置换。 2. 动火作业前，未检测盛有或盛过易燃易爆等化学危险物品的容器、设备、管道等生产、储存装置的可燃气体（蒸气）含量。 3. 可燃气体（蒸气）含量高于《国家电网有限公司有限空间作业安全工作规定》附表 6–3 中常用可燃气体或蒸气爆炸下限。

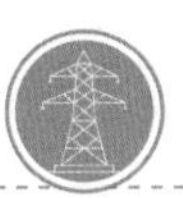

四　变电专业典型违章图册

（一）红线违章

序号	红线违章		
1		违章内容	现场作业人员在脚手架上行走未系安全带。
		违反条款	《国网蒙东电力“安全红线”》变电专业第 7 条：未正确佩戴安全帽、使用安全带。

（二）II类严重违章

序号	II类严重违章		
2		违章内容	带电设备周围使用钢卷尺测量。
		违反条款	《典型违章库——生产变电部分》第 9 条：在带电设备周围使用钢卷尺、金属梯等禁止使用的工器具。

（三）Ⅲ类严重违章

<table>
<tr><th>序号</th><th colspan="3">Ⅲ 类 严 重 违 章</th></tr>
<tr><td rowspan="2">3</td><td rowspan="2">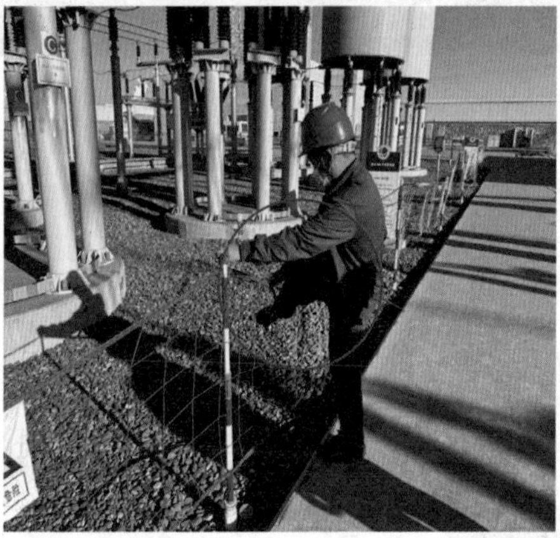</td><td>违章内容</td><td>作业人员擅自跨越安全围栏。</td></tr>
<tr><td>违反条款</td><td>《典型违章库——生产变电部分》第 28 条：作业人员擅自穿、跨越安全围栏、安全 警戒线。</td></tr>
<tr><td rowspan="2">4</td><td rowspan="2">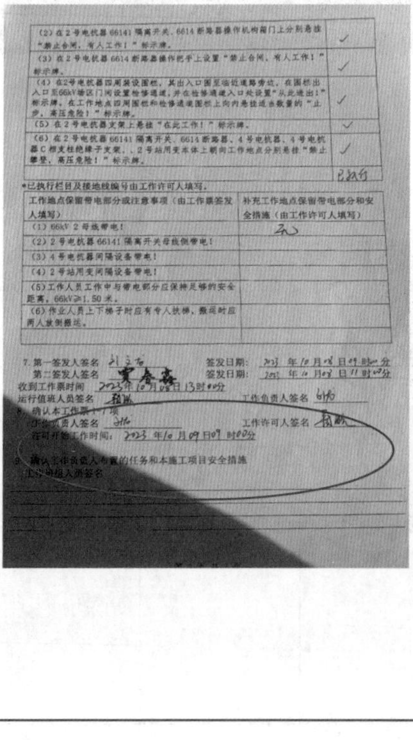
（2）在 2 号电抗器 66141 隔离开关、6614 断路器操作机构箱门上分别悬挂“禁止合闸，有人工作！”标示牌。 ✓
（3）在 2 号电抗器 6614 断路器操作把手上设置“禁止合闸，有人工作！”标示牌。 ✓
（4）在2号电抗器四周装设围栏，其出入口围至临近道路旁边，在围栏出入口至66kV场区门间设置检修通道，并在检修通道入口处设置“从此进出！”标示牌，在工作地点四周围栏和检修通道围栏上向内悬挂适当数量的“止步，高压危险！”标示牌。 ✓
（5）在 2 号电抗器支架上悬挂“在此工作！”标示牌。 ✓
（6）在 2 号电抗器 66141 隔离开关、6614 断路器、4 号电抗器、4 号电抗器C相支柱绝缘子支架、、2 号站用变本体上朝向工作地点分别悬挂“禁止攀登，高压危险！”标示牌。 ✓
已执行
*已执行栏目及接地线编号由工作许可人填写。
工作地点保留带电部分或注意事项（由工作票签发人填写） ｜ 补充工作地点保留带电部分和安全措施（由工作许可人填写）
（1）66kV 2 号线带电！ ｜ 无
（2）2 号电抗器 66141 隔离开关母线侧带电！
（3）4 号电抗器间隔设备带电！
（4）2 号站用变间隔设备带电！
（5）工作人员工作中与带电部分应保持足够的安全距离，66kV≥1.50 米。
（6）作业人员上下梯子时应有专人扶梯，搬运时应两人放倒搬运。
7. 第一签发人签名 [illegible] 签发日期：2023 年 10 月 08 日 09 时 00 分
第二签发人签名 [illegible] 签发日期：2023 年 10 月 08 日 11 时 00 分
收到工作票时间 2023 年 10 月 08 日 13 时 00 分
运行值班人员签名 [illegible] 工作负责人签名 [illegible]
8. 确认本工作票 1-7 项
工作负责人签名 [illegible] 工作许可人签名 [illegible]
许可开始工作时间：2023 年 10 月 09 日 09 时 00 分
9. 确认工作负责人布置的任务和本施工项目安全措施
工作班组人员签名</td><td>违章内容</td><td>工作票缺少工作班成员签字。</td></tr>
<tr><td>违反条款</td><td>《典型违章库——生产变电部分》第 32 条：票面（包括作业票、工作票及分票、动火票等）缺少工作负责人、工作班成员签字等关键内容。</td></tr>
</table>

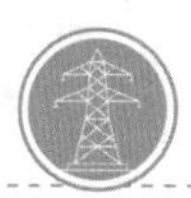

续表

序号	Ⅲ类严重违章		
5		违章内容	作业中使用的起重机无限位器。
		违反条款	《典型违章库——生产变电部分》第42条：起重机无限位器，或起重机械上的限制器、联锁开关等安全装置失效。
6	 	违章内容	作业人员在室外施工，布控球长期放置在室内，未拍摄现场作业。
		违反条款	《典型违章库——生产变电部分》第25条：安全风险管控监督平台上的作业开工状态与实际不符；作业现场未布设与平台作业计划绑定的视频监控设备，或视频监控设备未开机、未拍摄现场作业内容。

续表

序号	Ⅲ类严重违章		
7	变电站(发电厂)第二种工作票 单位：国网通辽供电公司科尔沁变电工区　编号：23020107-020 1. 工作负责人（监护人）：姜天　班组：电气试验二班 2. 工作班人员：(不包括工作负责人) 朱强，高伟志，吴刚 共 3 人	违章内容	工作班成员未经安全准入考试即列入工作班成员。
		违反条款	《典型违章库——生产变电部分》第 24 条：现场作业人员未经安全准入考试并合格；新进、转岗和离岗 3 个月以上的电气作业人员，未经专门安全教育培训，并经考试合格上岗。
8		违章内容	起吊过程中，工作人员在起吊物下面逗留并通过。
		违反条款	《典型违章库——生产变电部分》第 37 条：起吊或牵引过程中，受力钢丝绳周围、上下方、内角侧和起吊物下面，有人逗留或通过。

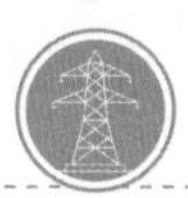

（四）一般违章

序号	一般违章		
9		违章内容	避雷器试验工作，装、拆试验接线时未戴绝缘手套。
		违反条款	《典型违章库——生产变电部分》第59条：用绝缘棒拉合隔离开关（刀闸）、高压熔断器，未戴绝缘手套。操作机械传动的开关或刀闸，不戴绝缘手套。雨天操作室外高压设备时，使用无防雨罩的绝缘棒，不穿绝缘靴。
10		违章内容	在作业区域未按规定设置围栏、悬挂标示牌。
		违反条款	《典型违章库——生产变电部分》第56条：未按规定设置围栏或悬挂标示牌等。

续表

序号	一般违章		
11		违章内容	单梯与地面夹角大于 60°。
		违反条款	《典型违章库——生产变电部分》第 66 条：使用单梯工作时，梯与地面的斜角过小或过大（60°）；使用中的梯子整体不坚实、无防滑措施，梯阶的距离大于 0.4m，距梯顶 1m 处无限高标志。
12		违章内容	高处作业的平台未装设护栏、腰杆、挡脚板。
		违反条款	《典型违章库——生产变电部分》第 64 条：升降口、大小孔洞、楼梯和平台，未设置或设置的栏杆、挡脚板以及临时遮拦不规范。

续表

序号	一般违章		
13		违章内容	基坑边围栏倾倒且缺少标示牌。
		违反条款	《典型违章库——生产变电部分》第56条：未按规定设置围栏或悬挂标示牌等。
14		违章内容	施工现场的深坑未设可靠的围栏、安全标志。
		违反条款	《典型违章库——生产变电部分》第56条：未按规定设置围栏或悬挂标示牌等。

续表

序号	一般违章		
15		违章内容	作业现场的绞磨未接地。
		违反条款	《典型违章库——生产变电部分》第 73 条：电动的工具、机具应接地而未接地或接地不良。
16		违章内容	在变电厂区内单人搬梯子且没放倒。
		违反条款	《典型违章库——生产变电部分》第 77 条：在户外变电站和高压室内搬动梯子、管子等长物，未按规定两人放倒搬运。

续表

序号	一般违章		
17	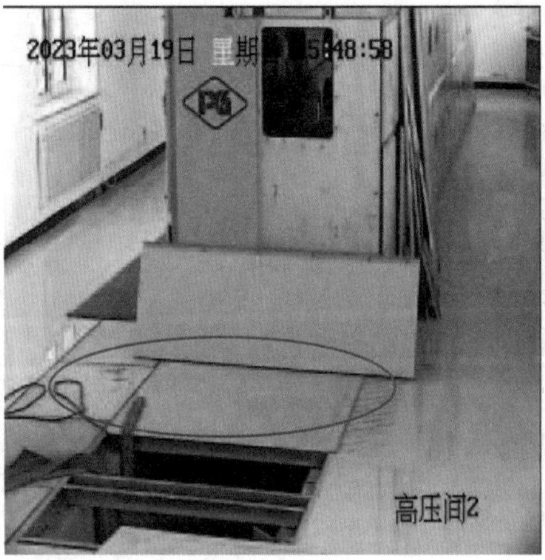	违章内容	电缆沟盖板打开，无防坠落措施。
		违反条款	《典型违章库——生产变电部分》第 99 条：电缆井井盖、电缆沟盖板及电缆隧道人孔盖开启后，未设置围栏，无人看守。作业人员撤离电缆井或隧道后，未盖好井盖。
18		违章内容	电缆沟盖板打开，无防坠落措施。
		违反条款	《典型违章库——生产变电部分》第 99 条：电缆井井盖、电缆沟盖板及电缆隧道人孔盖开启后，未设置围栏，无人看守。作业人员撤离电缆井或隧道后，未盖好井盖。

续表

序号	一般违章		
19		违章内容	电缆沟盖板打开，无防坠落措施。
		违反条款	《典型违章库——生产变电部分》第 99 条：电缆井井盖、电缆沟盖板及电缆隧道人孔盖开启后，未设置围栏，无人看守。作业人员撤离电缆井或隧道后，未盖好井盖。
20		违章内容	现场作业人员使用切割机未佩戴护目镜。
		违反条款	《典型违章库——生产变电部分》第 69 条：使用的砂轮有裂纹及其他不良情况、砂轮无防护罩；使用砂轮研磨时，未戴防护眼镜或装设防护玻璃；用砂轮磨工具时用砂轮的侧面研磨。

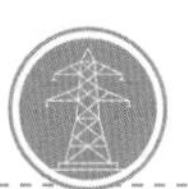

续表

序号	一般违章		
21		违章内容	现场起重机接地极埋深小于0.6m。
		违反条款	《典型违章库——生产变电部分》第83条：在变电站内使用起重机械时，未可靠接地。
22		违章内容	作业现场铁质脚手架未装设接地线，作业层脚手板未铺满。
		违反条款	《典型违章库——生产变电部分》第111条：作业层脚手板没有满铺，脚手板和脚手架相互间未可靠连接。

续表

序号	一般违章		
23		违章内容	角磨机无防护罩。
		违反条款	《典型违章库——生产变电部分》第 69 条：使用的砂轮有裂纹及其他不良情况、砂轮无防护罩；使用砂轮研磨时，未戴防护眼镜或装设防护玻璃；用砂轮磨工具时用砂轮的侧面研磨。
24		违章内容	干粉灭火器失压。
		违反条款	《典型违章库——生产变电部分》第 116 条：生产和施工场所未按规定配备消防器材或配备不合格的消防器材。

续表

序号	一般违章		
25		违章内容	电焊机接地不合格，接在未接地的设备构架上。
		违反条款	《典型违章库——生产变电部分》第73条：电动的工具、机具应接地而未接地或接地不良。
26		违章内容	现场专责监护人参与施工。
		违反条款	《典型违章库——生产变电部分》第52条：施工现场的专责监护人兼做其他工作。

续表

序号	一般违章		
27		违章内容	现场使用电源线破损。
		违反条款	《典型违章库——生产变电部分》第 68 条：使用的手持电动工器具有绝缘损坏、电源线护套破裂、保护线脱落、插头插座裂开或有损于安全的机械损伤等故障。

三、配电专业

配电专业“安全红线”

序号	分类	违章内容	违章性质	违章类别	违章记分
1	配电“红线”	无计划作业，或实际作业内容与计划不符。	红线违章	管理违章	12
2		无票（包括抢修票、工作票及分票、操作票、动火票等）工作、无令操作。	红线违章	行为违章	12
3		工作负责人（作业负责人、专责监护人）不在现场，或劳务分包人员担任工作负责人（作业负责人）。	红线违章	管理违章	12
4		未经工作票签发人审批，临时变更作业范围、增加作业内容。	红线违章	行为违章	12
5		作业点未在接地线或接地刀闸保护范围内。	红线违章	行为违章	12
6		未正确佩戴安全帽、使用安全带。	红线违章	行为违章	12
7		在杆塔根部、基础和拉线不牢固的情况下开展作业。	红线违章	行为违章	12
8		使用达到报废标准的或超出检验期的安全工器具。	红线违章	行为违章	12
9		在带电设备周围使用钢卷尺、金属梯等禁止使用的工器具。	红线违章	行为违章	12
10		在10kV及以下电缆及电容器检修前未放电、接地，或结束后未充分放电。	红线违章	行为违章	12

配电专业严重违章条款释义清单

编号	违章类别	严重违章内容	释　义
Ⅰ类严重违章（18 条）			
1	管理违章	无日计划作业，或实际作业内容与日计划不符。	1. 日作业计划（含临时计划、抢修计划）未录入安全风险管控监督平台。 2. 安全风险管控监督平台中日计划取消后，实际作业未取消。 3. 现场作业超出安全风险管控监督平台中作业计划范围。
2	管理违章	工作负责人（作业负责人、专责监护人）不在现场，或劳务分包人员担任工作负责人（作业负责人）。	1. 工作负责人（作业负责人、专责监护人）未到现场。 2. 工作负责人（作业负责人）暂时离开作业现场时，未指定能胜任的人员临时代替。 3. 工作负责人（作业负责人）长时间离开作业现场时，未由原工作票签发人变更工作负责人。 4. 专责监护人临时离开作业现场时，未通知被监护人员停止作业或离开作业现场。 5. 专责监护人长时间离开作业现场时，未由工作负责人变更专责监护人。 6. 劳务分包人员担任工作负责人（作业负责人）。

续表

编号	违章类别	严重违章内容	释　　义
3	行为违章	无票（包括作业票、工作票及分票、操作票、动火票等）工作、无令操作。	1.在运用中电气设备上及相关场所的工作，未按照《安规》规定使用工作票、事故紧急抢修单。 2.未使用审核合格的操作票进行倒闸操作。 3.未根据值班调控人员、运维负责人正式发布的指令进行倒闸操作。 4.在油罐区、注油设备、电缆间、计算机房、换流站阀厅等防火重点部位（场所）以及政府部门、本单位划定的禁止明火区动火作业时，未使用动火票。
4	行为违章	作业人员不清楚工作任务、危险点。	1.工作负责人（作业负责人）不了解现场所有的工作内容，不掌握危险点及安全防控措施。 2.专责监护人不掌握监护范围内的工作内容、危险点及安全防控措施。 3.作业人员不熟悉本人参与的工作内容，不掌握危险点及安全防控措施。
5	行为违章	超出作业范围未经审批。	1.在原工作票的停电及安全措施范围内增加工作任务时，未征得工作票签发人和工作许可人同意，未在工作票上增填工作项目。 2.原工作票增加工作任务需变更或增设安全措施时，未重新办理新的工作票，并履行签发、许可手续。

续表

编号	违章类别	严重违章内容	释　　义
6	行为违章	作业点未在接地保护范围。	1. 停电工作的设备，可能来电的各方未在正确位置装设接地线（接地刀闸）。 2. 工作地段各端和工作地段内有可能反送电的各分支线（包括用户）未在正确位置装设接地线（接地刀闸）。 3. 作业人员擅自移动或拆除接地线（接地刀闸）。 4. 低压配电线路、设备确已无电压后，未采取以下措施之一防止反送电： （1）所有相线和零线接地并短路； （2）绝缘遮蔽； （3）在断开点加锁、悬挂“禁止合闸，有人工作！”或“禁止合闸，线路有人工作！”的标示牌。
7	行为违章	组立杆塔、撤杆、撤线或紧线前未按规定采取防倒杆塔措施；架线施工前，未紧固地脚螺栓。	1. 拉线塔分解拆除时未先将原永久拉线更换为临时拉线再进行拆除作业。 2. 带张力断线或采用突然剪断导、地线的做法松线。 3. 杆塔整体拆除时，未按规定增设拉线控制倒塔方向。 4. 紧线、撤线前，未根据需要加固桩锚或增设临时拉线。

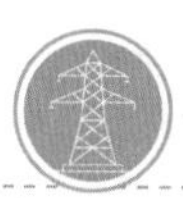

续表

编号	违章类别	严重违章内容	释　义
8	行为违章	有限空间作业未执行“先通风、再检测、后作业”要求；未正确设置监护人；未配置或不正确使用安全防护装备、应急救援装备。	1. 电缆井、电缆隧道、深度超过 2m 的基坑及沟（槽）内且相对密闭、容易聚集易燃易爆及有毒气体的有限空间作业前未通风或气体检测浓度高于《国家电网有限公司有限空间作业安全工作规定》附录 7 规定要求。 2. 电缆井、电缆隧道、深度超过 2m 的基坑、沟（槽）内且相对密闭的有限空间作业未在入口设置监护人或监护人擅离职守。 3. 未根据有限空间作业的特点和应急预案、现场处置方案，配备使用气体检测仪、呼吸器、通风机等安全防护装备和应急救援装备；当作业现场无法通过目视、喊话等方式进行沟通时，未配备对讲机；在可能进入有害环境时，未配备满足作业安全要求的隔绝式或过滤式呼吸防护用品。
9	行为违章	多小组工作，工作负责人未得到所有小组负责人工作结束的汇报，就与工作许可人办理工作终结手续。	略。
10	行为违章	应履行工作许可手续，未经工作许可（包括在客户侧工作时，未获客户许可），即开始工作。	1. 公司系统电网生产作业未经调度管理部门或设备运维管理单位许可，擅自开始工作。 2. 在用户管理的变电站或其他设备上工作时未经用户许可，擅自开始工作。 3. 在客户侧营销现场作业时，未经供电方许可人和客户方许可人共同对工作票或现场作业工作卡进行许可。

续表

编号	违章类别	严重违章内容	释　义
11	行为违章	同一工作负责人同时执行多张工作票。	同一工作负责人同时执行两张及以上工作票。
12	行为违章	存在高坠、物体打击风险的作业现场，人员未佩戴安全帽。	在高处作业、垂直交叉作业、立杆架线、起重吊装等存在高坠、物体打击风险的作业区域内，人员未佩戴安全帽。
13	管理违章	使用达到报废标准的或应试未试的安全工器具。	使用的个体防护装备（安全帽、安全带、安全绳、静电防护服、防电弧服、屏蔽服装等）、绝缘安全工器具（验电器、接地线、绝缘手套、绝缘靴、绝缘杆、绝缘遮蔽罩、绝缘隔板等）等专用工具和器具存在以下问题： （1）外观检查明显损坏或零部件缺失影响工器具防护功能； （2）超过有效使用期限； （3）试验或检验结果不符合国家或行业标准； （4）超出检验周期或检验时间涂改、无法辨认； （5）无有效检验合格证或检验报告。
14	行为违章	漏挂接地线或漏合接地刀闸。	工作票所列的接地安全措施未全部完成即开始工作（同一张工作票多个作业点依次工作时，工作地段的接地安全措施未全部完成即开始工作）。
15	行为违章	立起的杆塔未回填夯实就撤去拉绳及叉杆。	略。
16	行为违章	杆塔上有人时，调整或拆除拉线。	略。

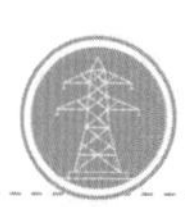

续表

编号	违章类别	严重违章内容	释义
17	行为违章	放线、紧线与撤线时，作业人员站在或跨在已受力的牵引绳、导线的内角侧，展放的导线圈内以及牵引绳或架空线的垂直下方。	略。
18	行为违章	高处作业、攀登或转移作业位置时失去保护。	1. 高处作业未搭设脚手架、使用高空作业车、升降平台或采取其他防止坠落措施。 2. 在屋顶及其他危险的边沿工作，临空一面未装设安全网或防护栏杆或作业人员未使用安全带。 3. 高处作业人员在转移作业位置时，失去安全保护。
Ⅱ类严重违章（22 条）			
19	行为违章、管理违章	在带电设备附近作业前未计算校核安全距离；作业安全距离不够且未采取有效措施。	1. 在带电设备附近作业前，未根据带电体安全距离要求，对施工作业中可能进入安全距离内的人员、机具、构件等进行计算校核。 2. 在带电设备附近作业计算校核的安全距离与现场实际不符，不满足安全要求。 3. 在带电设备附近作业安全距离不够时，未采取绝缘遮蔽或停电作业等有效措施。
20	行为违章、管理违章	擅自开启高压开关柜门、检修小窗，擅自移动绝缘挡板。	1. 擅自开启高压开关柜门、检修小窗。 2. 高压开关柜内手车开关拉出后，隔离带电部位的挡板未可靠封闭或擅自开启隔离带电部位的挡板。 3. 擅自移动绝缘挡板（隔板）。

续表

编号	违章类别	严重违章内容	释　义
21	行为违章、管理违章	在带电设备周围使用钢卷尺、金属梯等禁止使用的工器具。	1. 在带电设备周围使用钢卷尺、皮卷尺和线尺（夹有金属丝者）进行测量工作。 2. 在变、配电站（开关站）的带电区域内或临近带电设备处，使用金属梯子、金属脚手架等。
22	管理违章	两个及以上专业、单位参与的改造、扩建、检修等综合性作业，未成立由上级单位领导任组长，相关部门、单位参加的现场作业风险管控协调组；现场作业风险管控协调组未常驻现场督导和协调风险管控工作。	1. 涉及多专业、多单位或多专业综合性的二级及以上风险作业，上级单位未成立由副总师以上领导担任负责人、相关单位或专业部门负责人参加的现场作业风险管控协调组。 2. 作业实施期间，现场作业风险管控协调组未常驻作业现场督导协调；未每日召开例会分析部署风险管控工作；未组织检查施工方案及现场风险管控措施落实情况。

续表

编号	违章类别	严重违章内容	释 义
23	装置违章、管理违章	防误闭锁装置功能不完善，未按要求投入运行。	1. 断路器、隔离开关和接地刀闸电气闭锁回路使用重动继电器。 2. 机械闭锁装置未可靠锁死电气设备的传动机构。 3. 微机防误装置（系统）主站远方遥控操作、就地操作未实现强制闭锁功能。 4. 就地防误装置不具备高压电气设备及其附属装置就地操作机构的强制闭锁功能。 5. 高压开关柜带电显示装置未接入“五防”闭锁回路，未实现与接地刀闸或柜门（网门）的联锁。 6. 防误闭锁装置未与主设备同时设计、同时安装、同时验收投运；新建、改（扩）建变电工程或主设备经技术改造后，防误闭锁装置未与主设备同时投运。
24	行为违章	随意解除闭锁装置，或擅自使用解锁工具（钥匙）。	1. 正常情况下，防误装置解锁或退出运行。 2. 特殊情况下，停用防误操作闭锁装置未经工区批准；短时间退出防误操作闭锁装置，未由配电运维班班长批准，并按程序尽快投入。
25	装置违章	继电保护、直流控保、稳控装置等定值计算、调试错误，误动、误碰、误（漏）接线。	1. 继电保护定值计算、调试错误或版本使用错误。 2. 误动、误碰运行二次回路或误（漏）接线。 3. 在一次设备送电前，未组织检查保护装置运行状态，保护装置异常告警。 4. 系统一次运行方式变更或在保护装置上进行工作时，未按规定变更硬（软）压板、空开、操作把手等运行状态。

续表

编号	违章类别	严重违章内容	释　　义
26	行为违章	超允许起重量起吊。	1. 起重设备、吊索具和其他起重工具的工作负荷，超过铭牌规定。 2. 没有制造厂铭牌的各种起重机具，未经查算及荷重试验使用。 3. 特殊情况下需超铭牌使用时，未经过计算和试验，未经本单位分管生产的领导或总工程师批准。
27	管理违章	约时停、送电；带电作业约时停用或恢复重合闸。	1. 电力线路或电气设备的停、送电未按照值班调控人员或工作许可人的指令执行，采取约时停、送电的方式进行倒闸操作。 2. 需要停用重合闸或直流线路再启动功能的带电作业未由值班调控人员履行许可手续，采取约时方式停用或恢复重合闸或直流线路再启动功能。
28	装置违章	带电作业使用非绝缘绳索(如:棉纱绳、白棕绳、钢丝绳)。	略。
29	行为违章	跨越带电线路展放导（地）线作业，跨越架、封网等安全措施均未采取。	1. 跨越带电线路展放导（地）线作业，未采取搭设跨越架及封网等措施。 2. 跨越电气化铁路展放导（地）线作业，未采取搭设跨越架及封网等措施。
30	行为违章	操作没有机械传动的断路器（开关）、隔离开关（刀闸）或跌落式熔断器，未使用绝缘棒。	略。

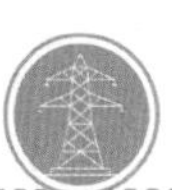

续表

编号	违章类别	严重违章内容	释　义
31	行为违章	非绝缘工器具、材料直接接触或接近架空绝缘导线；装、拆接地线时人体碰触未接地的导线。	略。
32	行为违章	配合停电的交叉跨越或邻近线路，在线路的交叉跨越或邻近处附近未装设接地线。	略。
33	行为违章	作业人员穿越未停电接地或未采取隔离措施的低压绝缘导线进行工作。	略。
34	行为违章	倒闸操作前不核对设备名称、编号、位置，不执行监护复诵制度或操作时漏项、跳项。	略。
35	行为违章	倒闸操作中不按规定检查设备实际位置，不确认设备操作到位情况。	1. 倒闸操作后未到现场检查断路器、隔离开关、接地刀闸等设备实际位置并确认操作到位。 2. 无法看到实际位置时，未通过至少 2 个非同样原理或非同源指示（设备机械位置指示、电气指示、带电显示装置、仪表及各种遥测、遥信信号等）的变化进行判断确认。

续表

编号	违章类别	严重违章内容	释　　义
36	行为违章	在电容性设备检修前未放电并接地，或结束后未充分放电；高压试验变更接线或试验结束时未将升压设备的高压部分放电、短路接地。	1. 电容性设备检修前、试验结束后未逐相放电并接地；星形接线电容器的中性点未接地。串联电容器或与整组电容器脱离的电容器未逐个多次放电；装在绝缘支架上的电容器外壳未放电；未装接地线的大电容被试设备未先行放电再做试验。 2. 高压试验变更接线或试验结束时，未将升压设备的高压部分放电、短路接地。
37	行为违章	电缆作业现场未确认检修电缆至少有 1 处已可靠接地。	略。
38	行为违章	紧断线平移导线挂线作业未采取交替平移子导线的方式。	略。
39	行为违章	放线、紧线，遇导、地线有卡、挂住现象，未松线后处理，操作人员用手直接拉、推导线。	略。
40	行为违章	在带电线路下方进行交叉跨越档内松紧、降低或架设导线的检修及施工，未采取防止导线跳动或过牵引措施。	在带电线路下方进行平行线路、交叉跨越档内松紧、降低或架设导线的检修及施工，未采取防止导线跳动或过牵引措施。

续表

编号	违章类别	严重违章内容	释　　义
Ⅲ类严重违章（41条）			
41	管理违章	将高风险作业定级为低风险。	三级及以上作业风险定级低于实际风险等级。
42	管理违章	现场作业人员未经安全准入考试并合格；新进、转岗和离岗3个月以上电气作业人员，未经专门安全教育培训，并经考试合格上岗。	1. 现场作业人员在安全风险管控监督平台中，无有效期内的准入合格记录。 2. 新进、转岗和离岗3个月以上电气作业人员，未经安全教育培训，并经考试合格上岗。
43	管理违章	不具备“三种人”资格的人员担任工作票签发人、工作负责人或许可人。	现场担任工作票签发人、工作负责人、工作许可人的人员未经地市级或县级单位培训考试合格后书面公布。
44	管理违章	特种设备作业人员、特种作业人员、危险化学品从业人员未依法取得资格证书。	1. 涉及生命安全、危险性较大的压力容器（含气瓶）、压力管道、起重机械等特种设备作业人员，未依据《特种设备作业人员监督管理办法》（国家质量监督检验检疫总局令第140号）从特种设备安全监督管理部门取得特种作业人员证书。 2. 高（低）压电工、焊接与热切割作业、高处作业、危险化学品安全作业等特种作业人员，未依据《特种作业人员安全技术培训考核管理规定》（国家安全生产监督管理总局令第30号）从应急、住建等部门取得特种作业操作资格证书。 3. 特种设备作业人员、特种作业人员、危险化学品从业人员资格证书未按期复审。

续表

编号	违章类别	严重违章内容	释　　义
45	管理违章	特种设备未依法取得使用登记证书、未经定期检验或检验不合格。	1. 特种设备使用单位未向特种设备安全监督管理部门办理使用登记，未取得使用登记证书。 2. 特种设备超期未检验或检验不合格。
46	行为违章	票面（包括作业票、工作票及分票、动火票等）缺少工作负责人、工作班成员签字等关键内容。	1. 工作票（包括作业票、动火票等）票种使用错误。 2 工作票（含分票、工作任务单、动火票等）票面缺少工作许可人、工作负责人、工作票签发人、工作班成员（含新增人员）等签字信息；作业票缺少审核人、签发人、作业人员（含新增人员）等签字信息。 3. 工作票（含分票、工作任务单、动火票等）票面线路名称（含同杆多回线路双重称号）、设备双重名称填写错误；作业中工作票开始工作时间、延期、工作负责人变更、作业人员变动等未在票面上准确记录。 4. 工作票（含分票、工作任务单、动火票、作业票等）票面防触电、防高坠、防倒（断）杆、防窒息等重要安全技术措施遗漏或错误。 5. 操作票票面发令人、受令人、操作人员、监护人员等漏填或漏签。操作设备双重名称，拉合开关、刀闸的顺序以及位置检查、验电、装拆接地线（拉合接地刀闸）、投退保护压板（软压板）等关键内容遗漏或错误；操作确认记录漏项、跳项。 6. 操作票发令、操作开始、操作结束时间以及工作票（含分票、工作任务单、动火票、作业票等）签发、许可、计划开工、结束时间存在逻辑错误或与实际不符。 7. 票面（包括作业票、工作票及分票、动火票、操作票等）双重名称、编号或许可时间涂改。

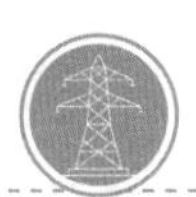

续表

编号	违章类别	严重违章内容	释　　义
47	行为违章	工作负责人、工作许可人不按规定办理终结手续。	略。
48	行为违章	重要工序、关键环节作业未按施工方案或规定程序开展作业；作业人员未经批准擅自改变已设置的安全措施。	1. 电网生产高风险作业工序［《国家电网有限公司关于进一步加强生产现场作业风险管控工作的通知》(国家电网设备〔2022〕89号）各专业“检修工序风险库”］及关键环节未按方案中作业方法、标准或规定程序开展作业。 2. 未经工作负责人和工作许可人双方批准，擅自变更安全措施。
49	行为违章	作业人员擅自穿、跨越安全围栏、安全警戒线。	作业人员擅自穿、跨越隔离检修设备与运行设备的遮拦（围栏）、高压试验现场围栏（安全警戒线）、人工挖孔基础作业孔口围栏等。
50	行为违章	未按规定开展现场勘察或未留存勘察记录；工作票（作业票）签发人和工作负责人均未参加现场勘察。	1.《国家电网有限公司作业安全风险管控工作规定》附录5“需要现场勘察的典型作业项目”未组织现场勘察或未留存勘察记录。 2. 工作票（作业票）签发人、工作负责人均未参加现场勘察。 3. 现场勘察记录缺少与作业相关的临近带电体、交叉跨越、周边环境、地形地貌、土质、临边等安全风险。

续表

编号	违章类别	严重违章内容	释　　义
51	管理违章	安全风险管控监督平台上的作业开工状态与实际不符；作业现场未布设与安全风险管控监督平台作业计划绑定的视频监控设备，或视频监控设备未开机、未拍摄现场作业内容。	1. 现场实际在开工状态，安全风险管控监督平台上的作业状态为“未开工”或“已收工”。 2. 作业现场未布设与平台作业计划绑定的视频监控设备，或视频监控设备未开机、未拍摄现场作业内容。
52	行为违章	三级及以上风险作业管理人员（含监理人员）未到岗到位进行管控。	1. 二级及以上风险作业，相关地市供电公司级单位或建设管理单位副总师及以上领导、专业管理部门负责人或省电力公司级单位专业管理部门人员未到岗到位。 2. 三级风险作业，相关地市供电公司级单位或建设管理单位专业管理部门人员、县供电公司级单位、二级机构负责人或专业管理部门人员应到岗到位。 3. 三级风险作业，监理未全程旁站；二级及以上风险作业，项目总监或安全监理未全程旁站。
53	行为违章	未经批准，擅自将自动灭火装置、火灾自动报警装置退出运行。	未经本单位消防安全责任人（法人单位的法定代表人或者非法人单位的主要负责人）批准，擅自将自动灭火装置、火灾自动报警装置退出运行。

续表

编号	违章类别	严重违章内容	释　　义
54	行为违章	在易燃易爆或禁火区域携带火种、使用明火、吸烟；未采取防火等安全措施在易燃物品上方进行焊接，下方无监护人。	1. 在储存或加工存有易燃易爆危险化学品（汽油、乙醇、乙炔、液化气体、爆破用雷管等《危险货物品名表》《危险化学品名录》所列易燃易爆品）等具有火灾、爆炸危险的场所和地方政府划定的森林草原防火区及森林草原防火期，地方政府划定的禁火区及禁火期、含油设备周边等禁火区域携带火种、使用明火、吸烟或动火作业。 2. 在易燃物品上方进行焊接，未采取防火隔离、防护等安全措施，下方无监护人。
55	行为违章	动火作业前，未将盛有或盛过易燃易爆等化学危险物品的容器、设备、管道等生产、储存装置与生产系统隔离，未清洗置换，未检测可燃气体（蒸气）含量，或可燃气体（蒸气）含量不合格即动火作业。	1. 动火作业前，未将盛有或盛过易燃易爆等化学危险物品（汽油、乙醇、乙炔、液化气体等《危险货物品名表》《危险化学品名录》所列化学危险物品）的容器、设备、管道等生产、储存装置与生产系统隔离，未清洗置换。 2. 动火作业前，未检测盛有或盛过易燃易爆等化学危险物品的容器、设备、管道等生产、储存装置的可燃气体（蒸气）含量。 3. 可燃气体（蒸气）含量高于《国家电网有限公司有限空间作业安全工作规定》附表6–3中常用可燃气体或蒸气爆炸下限。
56	行为违章	使用金具U形环代替卸扣；使用普通材料的螺栓取代卸扣销轴。	1. 起吊作业使用金具U形环代替卸扣。 2. 使用普通材料的螺栓取代卸扣销轴。

续表

编号	违章类别	严重违章内容	释　义
57	行为违章	使用起重机作业时，吊物上站人，作业人员利用吊钩上升或下降。	略。
58	装置违章	吊车未安装限位器。	吊车未安装限位器或限位器失效。
59	管理违章	自制施工工器具未经检测试验合格。	自制或改造起重滑车、卸扣、切割机、液压工器具、手扳（链条）葫芦、卡线器、吊篮等工器具，未经有资质的第三方检验机构检测试验，无试验合格证或试验合格报告。
60	管理违章	绞磨、卷扬机放置不稳；锚固不可靠；受力前方有人；拉磨尾绳人员位于锚桩前面或站在绳圈内。	1. 绞磨、卷扬机未放置在平整、坚实、无障碍物的场地上。 2. 绞磨、卷扬机锚固在树木或外露岩石等承力大小不明物体上；地锚、拉线设置不满足现场实际受力安全要求。 3. 绞磨、卷扬机受力前方有人。 4. 拉磨尾绳人员位于锚桩前面或站在绳圈内。
61	管理违章	劳务分包单位自备施工机械设备或安全工器具。	1. 劳务分包单位自备施工机械设备或安全工器具。 2. 施工机械设备、安全工器具的采购、租赁或送检单位为劳务分包单位。 3. 合同约定由劳务分包单位提供施工机械设备或安全工器具。

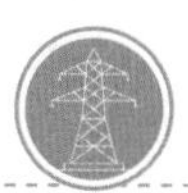

续表

编号	违章类别	严重违章内容	释　　义
62	管理违章	作业现场视频监控终端无存储卡或不满足存储要求。	1. 作业现场视频监控终端无存储卡。 2. 作业现场视频终端存储功能不满足以下要求： （1）存储卡容量不低于256GB； （2）具备终端开关机、视频读写等信息记录功能，并能够回传安全风险管控监督平台。
63	装置违章	金属封闭式开关设备未按照国家、行业标准设计制造压力释放通道。	1. 开关柜各高压隔室未安装泄压通道或压力释放装置。 2. 开关柜泄压通道或压力释放装置不符合国家、行业标准要求。
64	装置违章	设备无双重名称，或名称及编号不唯一、不正确、不清晰。	1. 设备无双重名称。 2. 线路无名称及杆号，同塔多回线路无双重称号。 3. 设备名称及编号、线路名称或双重称号不唯一、不正确、无法辨认。
65	装置违章	高压配电装置带电部分对地距离不满足且未采取措施。	1. 配电站、开闭所户外高压配电装置的裸露（含绝缘包裹）导电部分跨越人行过道或作业区时，对地高度不满足安全距离要求且底部和两侧未装设护网。 2. 户内高压配电装置的裸露（含绝缘包裹）导电部分对地高度不满足安全距离要求且底部和两侧未装设护网。
66	行为违章	起吊或牵引过程中，受力钢丝绳周围、上下方、内角侧和起吊物下面，有人逗留或通过。	1. 起重机在吊装过程中，受力钢丝绳周围、吊臂或起吊物下方有人逗留或通过。 2. 绞磨机、牵引机、张力机等受力钢丝绳周围、上下方、内角侧等受力侧有人逗留或通过。

续表

编号	违章类别	严重违章内容	释　　义
67	行为违章	起重作业无专人指挥。	以下起重作业无专人指挥： 1. 被吊重量达到起重设备额定起重量的80%； 2. 两台及以上起重机械联合作业； 3. 起吊精密物件、不易吊装的大件或在复杂场所（人员密集区、场地受限或存在障碍物）进行大件吊装； 4. 起重机械在临近带电区域作业； 5. 易燃易爆品必须起吊时； 6. 起重机械设备自身的安装、拆卸； 7. 新型起重机械首次在工程上应用。
68	行为违章	汽车式起重机作业前未支好全部支腿；支腿未按规程要求加垫木。	1. 汽车起重机作业过程中未按照设备操作规程支好全部支腿；支腿未加垫木（垫板）。 2. 起重机车轮、支腿或履带的前端、外侧与沟、坑边缘的距离小于沟、坑深度的1.2倍时，未采取防倾倒、防坍塌措施。
69	管理违章	链条葫芦、手扳葫芦、吊钩式滑车等装置的吊钩和起重作业使用的吊钩无防止脱钩的保险装置。	1. 使用中的链条葫芦、手扳葫芦吊钩无封口部件或封口部件失效。 2. 使用中的吊钩式起重滑车无防止脱钩的钩口闭锁装置或闭锁装置失效。 3. 起重作业中使用的吊钩无防止脱钩的保险装置或保险装置失效。
70	行为违章	电力线路设备拆除后，带电部分未处理。	1. 施工用电线路、电动机械及照明设备拆除后，带电部分未处理。 2. 运行线路设备拆除后，带电部分未处理。 3. 带电作业断开的引线、未接通的预留引线送电前，未采取防止摆动的措施或与周围接地构件、不同相带电体安全距离不足。

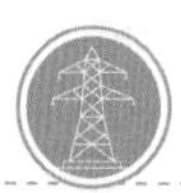

续表

编号	违章类别	严重违章内容	释　　义
71	行为违章	高压带电作业未穿戴绝缘手套等绝缘防护用具；高压带电断、接引线或带电断、接空载线路时未戴护目镜。	1. 作业人员开展配电带电作业未穿着绝缘服或绝缘披肩、绝缘袖套、绝缘手套、绝缘安全帽等绝缘防护用具。 2. 高压带电断、接引线或带电断、接空载线路作业时未戴护目镜。
72	行为违章	带负荷断、接引线。	1. 非旁路作业时，带负荷断、接引线。 2. 用断、接空载线路的方法使两电源解列或并列。 3. 带电断、接空载线路时，线路后端所有断路器（开关）和隔离开关（刀闸）未全部断开，变压器、电压互感器未全部退出运行。
73	行为违章	在互感器二次回路上工作，未采取防止电流互感器二次回路开路，电压互感器二次回路短路的措施。	1. 短路电流互感器二次绕组时，短路片或短路线连接不牢固，或用导线缠绕。 2. 在带电的电压互感器二次回路上工作时，工器具（毛刷、螺丝刀）的金属部分未做好绝缘防护措施。
74	行为违章	开断电缆前，未与电缆走向图图纸核对相符，未使用仪器确认电缆无电压，未用接地的带绝缘柄的铁钎钉入电缆芯。	1. 开断电缆前，未与电缆走向图图纸核对相符，未使用仪器确认电缆无电压。 2. 开断电缆前，未用接地的带绝缘柄的铁钎或其他打钉设备钉入电缆芯。

续表

编号	违章类别	严重违章内容	释义
75	行为违章	开断电缆扶绝缘柄的人未戴绝缘手套，未站在绝缘垫上，未采取防灼伤措施。	使用接地的带绝缘柄的铁钎钉入电缆芯时，扶绝缘柄的人未戴绝缘手套，未站在绝缘垫上，未采取防灼伤措施。
76	管理违章	擅自变更工作票中指定的接地线位置，未经工作票签发人、工作许可人同意，未在工作票上注明变更情况。	1. 擅自变更工作票中指定的接地线位置，未由工作负责人征得工作票签发人或工作许可人同意。 2. 变更工作票中指定的接地线位置，未在工作票上注明变更情况。
77	行为违章	业扩报装设备未经验收，擅自接火送电。	1. 高压业扩现场勘察，作业单位和客户未在现场勘察记录中签名。 2. 未经供电单位验收合格的客户受电工程擅自接（送）电。 3. 未严格履行客户设备送电程序擅自投运或带电。

续表

编号	违章类别	严重违章内容	释 义
78	行为违章	应拉断路器（开关）、应拉隔离开关（刀闸）、应拉熔断器、应合接地刀闸、作业现场装设的工作接地线未在工作票上准确登录；工作接地线未按票面要求准确登录安装位置、编号、挂拆时间等信息。	1. 工作票中应拉断路器（开关）、应拉隔离开关（刀闸）、应拉熔断器、应合接地刀闸、应装设的接地线未在工作票上准确登录。 2. 作业现场装设的工作接地线未全部列入工作票，未按票面要求准确登录安装位置、编号、挂拆时间等信息。
79	行为违章	脚手架、跨越架未经验收合格即投入使用。	1. 脚手架、跨越架搭设后未经使用单位（施工项目部）、监理单位验收合格，未挂验收牌，即投入使用。 2. 作业现场使用竹（木）脚手架。
80	行为违章	立、撤杆塔过程中基坑内有人工作。	略。
81	行为违章	安全带（绳）未系在主杆或牢固的构件上。安全带和后备保护绳系挂的构件不牢固。安全带系在移动、或不牢固物件上。	安全带和后备保护绳挂在移动或不牢固的物件上。

配电专业典型违章图册

（一）红线违章

序号	红线违章		
1		违章内容	农配网工程无计划作业。
		违反条款	《国网蒙东电力“安全红线”》配电专业第 1 条：无计划作业，或实际作业内容与计划不符。
2	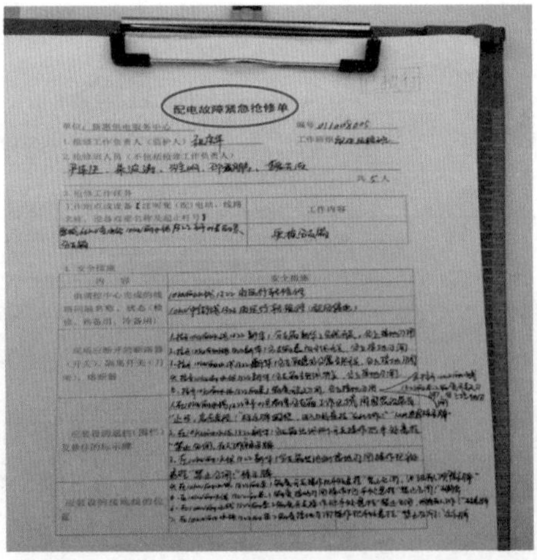	违章内容	故障抢修，未在风控平台录入作业计划，属无计划作业。
		违反条款	《国网蒙东电力“安全红线”》配电专业第 1 条：无计划作业，或实际作业内容与计划不符。

续表

序号	红线违章		
3		违章内容	作业人员在地线拆除的情况下依旧进行作业。
		违反条款	《国网蒙东电力“安全红线”》配电专业第5条：作业点未在接地线或接地刀闸保护范围内。

（二）I类严重违章

序号	I类严重违章		
4		违章内容	高处作业人员未使用安全带，且未使用后备保护绳。
		违反条款	《典型违章库——生产配电部分》第18条：高处作业、攀登或转移作业位置时失去保护。

续表

序号	I 类 严 重 违 章		
5	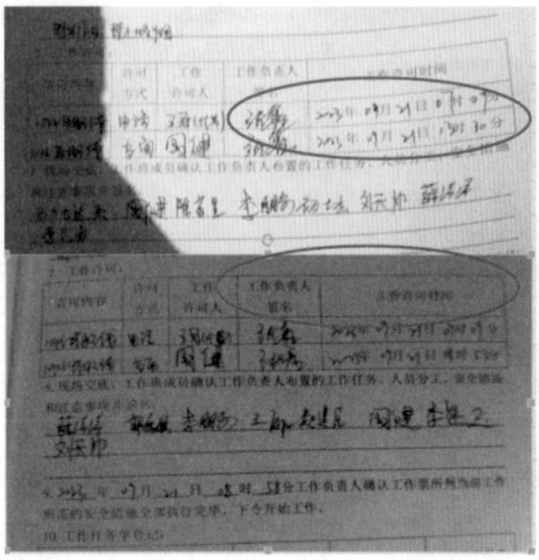	违章内容	同一个工作负责人同时执行两张工作票。
		违反条款	《典型违章库——生产配电部分》第 11 条：同一工作负责人同时执行多张工作票。

（三）Ⅲ类严重违章

序号	Ⅲ 类 严 重 违 章		
6	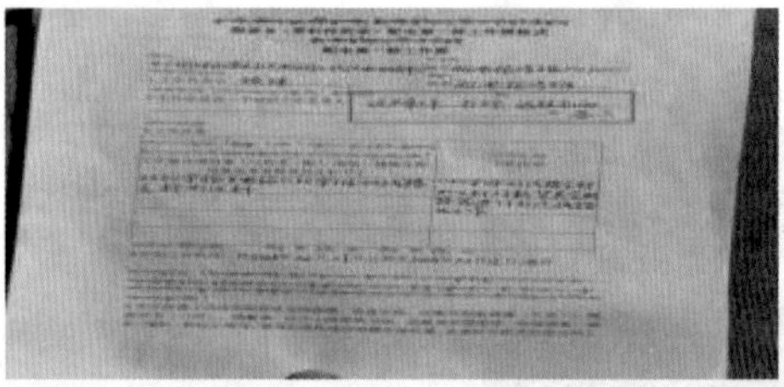 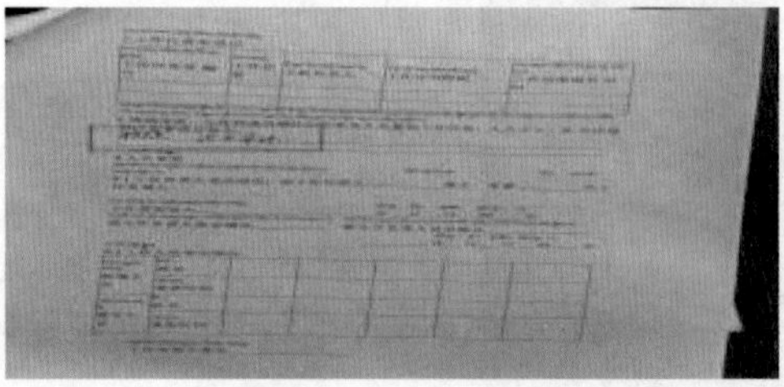	违章内容	现场已开工，1 名工作班成员未在工作票中签字。
		违反条款	《典型违章库——生产配电部分》第 46 条：票面（包括作业票、工作票及分票、动火票等）缺少工作负责人、工作班成员签字等关键内容。

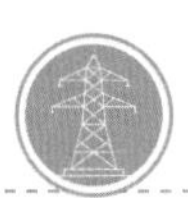

续表

<table>
<tr><th>序号</th><th colspan="3">Ⅲ类严重违章</th></tr>
<tr><td rowspan="2">7</td><td rowspan="2"></td><td>违章内容</td><td>杆上有人作业时，调整临时拉线。</td></tr>
<tr><td>违反条款</td><td>《典型违章库——配电工程部分》第16条：杆塔上有人时，调整或拆除拉线。</td></tr>
<tr><td rowspan="2">8</td><td rowspan="2"></td><td>违章内容</td><td>现场布控球摆放不合理，未能对作业点、作业人员实施有效监控。</td></tr>
<tr><td>违反条款</td><td>《典型违章库——生产配电部分》第52条：作业现场未布设与安全风险管控监督平台作业计划绑定的视频监控设备，或视频监控设备未开机、未拍摄现场作业内容。</td></tr>
</table>

续表

<table>
<tr><th>序号</th><th colspan="3">Ⅲ类严重违章</th></tr>
<tr><td rowspan="2">9</td><td rowspan="2">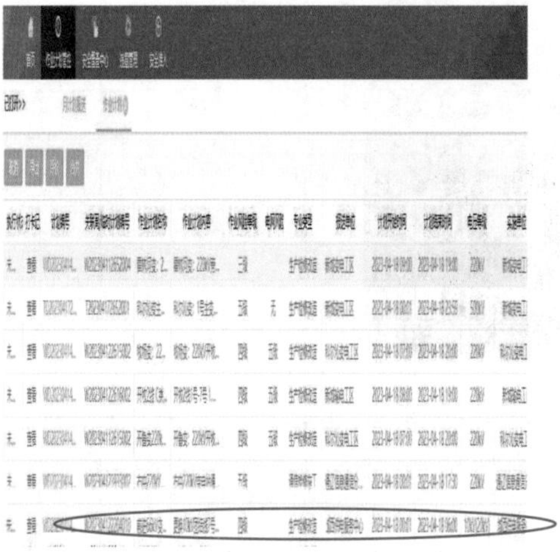</td><td>违章内容</td><td>风控平台作业计划执行不规范，作业状态与实际不符。</td></tr>
<tr><td>违反条款</td><td>《典型违章库——生产配电部分》第52条：安全风险管控监督平台上的作业开工状态与实际不符。</td></tr>
<tr><td rowspan="2">10</td><td rowspan="2">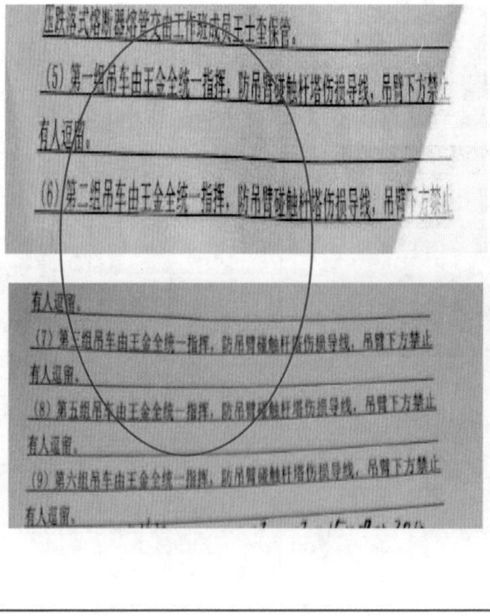
压跌落式熔断器熔管交由工作班成员王士奎保管。
(5) 第一组吊车由王金全统一指挥，防吊臂碰触杆塔伤损导线，吊臂下方禁止有人逗留。
(6) 第二组吊车由王金全统一指挥，防吊臂碰触杆塔伤损导线，吊臂下方禁止
有人逗留。
(7) 第三组吊车由王金全统一指挥，防吊臂碰触杆塔伤损导线，吊臂下方禁止有人逗留。
(8) 第五组吊车由王金全统一指挥，防吊臂碰触杆塔伤损导线，吊臂下方禁止有人逗留。
(9) 第六组吊车由王金全统一指挥，防吊臂碰触杆塔伤损导线，吊臂下方禁止有人逗留。</td><td>违章内容</td><td>多小组同时作业，吊车指挥为同一人。</td></tr>
<tr><td>违反条款</td><td>《典型违章库——生产配电部分》第67条：起重作业无专人指挥。</td></tr>
</table>

（四）一般违章

序号	一般违章		
11		违章内容	运维管理单位人员未参加现场勘察。
		违反条款	《典型违章库——生产配电部分》第87条：涉及多专业、多部门、多单位的作业项目，项目主管部门、单位的相关人员未参与现场勘察。设备运维单位未派人参加现场勘察。
12		违章内容	挖掘机作业未设置专人指挥。
		违反条款	《典型违章库——生产配电部分》第83条：工作负责人未根据现场安全条件、施工范围和作业需要，对重要工序、作业内容、跨越处设置专责监护人。

续表

序号	一般违章		
13		违章内容	通行道路上施工时，未在相应部位装设警告标示牌。
		违反条款	《典型违章库——生产配电部分》第141条：在居民区和交通道路附近立、撤杆时，未设警戒范围或警告标志，未派专人看守。
14		违章内容	高处作业上下抛掷工具，未使用传递绳。
		违反条款	《典型违章库——生产配电部分》第147条：工具及材料未用绳索拴牢、上下传递。

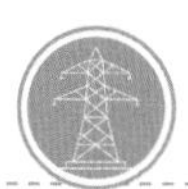

续表

序号	一 般 违 章		
15		违章内容	杆上作业线夹、断线钳放置位置不牢靠，未采取防坠落措施。
		违反条款	《典型违章库——生产配电部分》第146条：高处作业时未将所用的工具和材料放在工具袋内，材料及工器具浮搁在已立的杆塔和抱杆上；抛掷工具及材料，未做好防坠措施。
16		违章内容	变台作业脚扣随意搭挂在台架上，未采取防坠落措施。
		违反条款	《典型违章库——生产配电部分》第146条：高处作业时未将所用的工具和材料放在工具袋内，材料及工器具浮搁在已立的杆塔和抱杆上；抛掷工具及材料，未做好防坠措施。

续表

序号	一般违章		
17		违章内容	装设接地线未戴绝缘手套。
		违反条款	《典型违章库——生产配电部分》第115条：对设备进行验电、装拆接地线等工作时未戴绝缘手套。
18		违章内容	拆除接地线未戴绝缘手套。
		违反条款	《典型违章库——生产配电部分》第115条：对设备进行验电、装拆接地线等工作时未戴绝缘手套。
19		违章内容	操作开关、设备时未戴绝缘手套。
		违反条款	《典型违章库——生产配电部分》第115条：对设备进行验电、装拆接地线等工作时未戴绝缘手套。

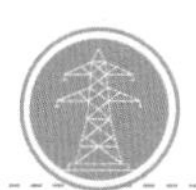

续表

序号	一般违章		
20		违章内容	安全带和后备保护绳未分别挂在杆塔不同部位的牢固构件上。
		违反条款	《典型违章库——生产配电部分》第81条：安全带和后备保护绳系挂的构件不牢固。安全带系在移动、或不牢固物件上。
21		违章内容	检修作业现场未按规定装设围栏。
		违反条款	《典型违章库——生产配电部分》第98条：城区、人口密集区或交通道口和通行道路上施工时，工作场所周围未装设遮拦，未在相应部位装设警告标示牌。

续表

序号	一般违章		
22		违章内容	接地针埋深不足0.6m，接地面积不足连接不可靠。
		违反条款	《典型违章库——配电工程部分》第95条：装设的接地线接触不良好，连接不可靠。未使用接地线专用线夹，用缠绕的方法进行接地或短路。
23		违章内容	接地棒挂接不实。
		违反条款	《典型违章库——配电工程部分》第95条：装设的接地线接触不良好，连接不可靠。未使用接地线专用线夹，用缠绕的方法进行接地或短路。

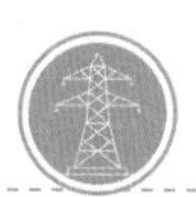

续表

序号	一 般 违 章		
24		违章内容	放线滑车未封闭。
		违反条款	《典型违章库——生产配电部分》第69条：链条葫芦、手扳葫芦、吊钩式滑车等装置的吊钩和起重作业使用的吊钩无防止脱钩的保险装置。
25		违章内容	立杆过程中无人指挥，钩机自行操作。
		违反条款	《典型违章库——生产配电部分》第139条：立、撤杆未指定专人统一指挥。

续表

序号	一般违章		
26		违章内容	线盘架不稳固、转动不灵活、制动不可靠。
		违反条款	《典型违章库——生产配电部分》第136条：放线、紧线时，导线与牵引绳的连接不可靠，线盘架不稳固可靠、制动不可靠。
27		违章内容	作业地点周边及开挖后的孔洞未装设围栏。
		违反条款	《典型违章库——生产配电部分》第84条：升降口、大小孔洞、楼梯和平台，未装设栏杆和护板。所有吊物孔、没有盖板的孔洞、楼梯和平台，未装设护板。

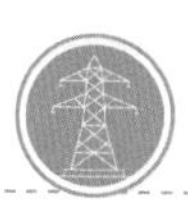

续表

序号	一般违章		
28		违章内容	攀登杆塔携带材料。
		违反条款	《典型违章库——生产配电部分》第144条：携带器材登杆或在杆塔上移位。
29		违章内容	现场作业使用的斗臂车未接地。
		违反条款	《典型违章库——生产配电部分》第111条：工作中绝缘斗臂车未可靠接地。
30		违章内容	围栏布置不规范，无围栏架，未悬挂标示牌。
		违反条款	《典型违章库——生产配电部分》第98条：城区、人口密集区或交通道口和通行道路上施工时，工作场所周围未装设遮拦（围栏），未在相应部位装设警告标示牌。

四、建设专业

建设专业“安全红线”

序号	分类	违章内容	违章性质	违章类别	违章记分
1	建设“红线”	无计划作业，无施工作业票。	红线违章	管理违章	12
2		作业层班组骨干实际到位情况不满足人员配置要求。	红线违章	管理违章	12
3		三级及以上风险作业现场实际施工方法违背施工方案核心原则。	红线违章	行为违章	12
4		实施隧道、桩孔等有限空间作业未执行“先通风、再检测、后作业”要求。	红线违章	行为违章	12
5		未正确佩戴安全帽、使用安全带。	红线违章	行为违章	12
6		杆塔组立塔脚板就位后，未上齐匹配的垫板和螺帽，组立完成后未拧紧螺帽。	红线违章	行为违章	12
7		抱杆超过30m，采用多次对接组立，采用正装方式。	红线违章	行为违章	12
8		紧线段的一端为耐张塔，且非平衡挂线时，未在该塔紧线的反方向安装临时拉线。	红线违章	行为违章	12
9		地处林牧区，在防火期施工违规使用明火。	红线违章	行为违章	12
10		项目存在违法转包、违规分包问题。	红线违章	管理违章	12

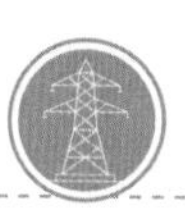

建设变电专业严重违章条款释义清单

编号	违章类别	严重违章内容	释　　义
Ⅰ类严重违章（14条）			
1	管理违章	无日计划作业，或实际作业内容与日计划不符。	1. 日作业计划（含临时计划、抢修计划）未录入安全风险管控监督平台。 2. 安全风险管控监督平台中日计划取消后，实际作业未取消。 3. 现场作业超出安全风险管控监督平台中作业计划范围。
2	管理违章	工作负责人（作业负责人、专责监护人）不在现场，或劳务分包人员担任工作负责人（作业负责人）。	1. 工作负责人（作业负责人、专责监护人）未到现场。 2. 工作负责人（作业负责人）暂时离开作业现场时，未指定能胜任的人员临时代替。 3. 工作负责人（作业负责人）长时间离开作业现场时，未由原工作票签发人变更工作负责人。 4. 专责监护人临时离开作业现场时，未通知被监护人员停止作业或离开作业现场。 5. 专责监护人长时间离开作业现场时，未由工作负责人变更专责监护人。 6. 劳务分包人员担任工作负责人（作业负责人）。
3	行为违章	未经工作许可（包括在客户侧工作时，未获客户许可），即开始工作。	1. 公司系统电网生产作业未经调度管理部门或设备运维管理单位许可，擅自开始工作。 2. 在用户管理的变电站或其他设备上工作时未经用户许可，擅自开始工作。

续表

编号	违章类别	严重违章内容	释　　义
4	行为违章	作业人员不清楚工作任务、危险点。	1. 工作负责人（作业负责人）不了解现场所有的工作内容，不掌握危险点及安全防控措施。 2. 专责监护人不掌握监护范围内的工作内容、危险点及安全防控措施。 3. 作业人员不熟悉本人参与的工作内容，不掌握危险点及安全防控措施。
5	行为违章	超出作业范围未经审批。	1. 在原工作票的停电及安全措施范围内增加工作任务时，未征得工作票签发人和工作许可人同意，未在工作票上增填工作项目。 2. 原工作票增加工作任务需变更或增设安全措施时，未重新办理新的工作票，并履行签发、许可手续。
6	行为违章	作业点未在接地保护范围。	1. 停电工作的设备，可能来电的各方未在正确位置装设接地线（接地刀闸）。 2. 作业人员擅自移动或拆除接地线（接地刀闸）。
7	行为违章	漏挂接地线或漏合接地刀闸。	工作票所列的接地安全措施未全部完成即开始工作。

续表

编号	违章类别	严重违章内容	释　　义
8	行为违章	有限空间作业未执行“先通风、再检测、后作业”要求；未正确设置监护人；未配置或不正确使用安全防护装备、应急救援装备。	1. 电缆井、电缆隧道、深度超过 2m 的基坑及沟（槽）内且相对密闭、容易聚集易燃易爆及有毒气体的有限空间作业前未通风或气体检测浓度高于《国家电网有限公司有限空间作业安全工作规定》附录 7 规定要求。 2. 电缆井、电缆隧道、深度超过 2m 的基坑、沟（槽）内且相对密闭的有限空间作业未在入口设置监护人或监护人擅离职守。 3. 未根据有限空间作业的特点和应急预案、现场处置方案，配备使用气体检测仪、呼吸器、通风机等安全防护装备和应急救援装备；当作业现场无法通过目视、喊话等方式进行沟通时，未配备对讲机；在可能进入有害环境时，未配备满足作业安全要求的隔绝式或过滤式呼吸防护用品。
9	行为违章	存在高坠、物体打击风险的作业现场，人员未佩戴安全帽。	在高处作业、垂直交叉作业、起重吊装等存在高坠、物体打击风险的作业区域内，人员未佩戴安全帽。
10	行为违章	无票（包括作业票、工作票及分票、操作票、动火票等）工作、无令操作。	1. 在运用中电气设备上及相关场所的工作，未按照《安规》规定使用工作票。 2. 未按照《安规》规定使用施工作业票。 3. 在油罐区、注油设备、电缆间、计算机房、换流站阀厅等防火重点部位（场所）以及政府部门、本单位划定的禁止明火区动火作业时，未使用动火票。

续表

编号	违章类别	严重违章内容	释　　义
11	管理违章	同一工作负责人同时执行两张及以上施工作业票。	略。
12	管理违章	使用达到报废标准的或超出检验期的安全工器具。	使用的个体防护装备（安全帽、安全带、安全绳、静电防护服、防电弧服、屏蔽服装等）、绝缘安全工器具（验电器、接地线、绝缘手套、绝缘靴、绝缘杆、绝缘遮蔽罩、绝缘隔板等）等专用工具和器具存在以下问题： （1）外观检查明显损坏或零部件缺失影响工器具防护功能； （2）超过有效使用期限； （3）试验或检验结果不符合国家或行业标准； （4）超出检验周期或检验时间涂改、无法辨认； （5）无有效检验合格证或检验报告。
13	行为违章	高处作业、攀登或转移作业位置时失去保护。	1. 高处作业未搭设脚手架、使用高空作业车、升降平台或采取其他防止坠落措施。 2. 在屋顶及其他危险的边沿工作，临空一面未装设安全网或防护栏杆或作业人员未使用安全带。 3. 高处作业人员在转移作业位置时，失去安全保护。

续表

编号	违章类别	严重违章内容	释　义
14	行为违章	对需要拆除全部或一部分接地线后才能进行的作业，未征得运维人员的许可擅自作业。	高压回路上，必须要拆除全部或一部分接地线后才能进行的作业，未征得运维人员的许可（根据调控人员指令装设的接地线，未征得调控人员的许可），擅自作业。
Ⅱ类严重违章（10条）			
15	管理违章	在带电设备附近作业前未计算校核安全距离；作业安全距离不够且未采取有效措施。	1. 在带电设备附近作业前，未根据带电体安全距离要求，对施工作业中可能进入安全距离内的人员、机具、构件等进行计算校核。 2. 在带电设备附近作业计算校核的安全距离与现场实际不符，不满足安全要求。 3. 在带电设备附近作业安全距离不够时，未采取绝缘遮蔽或停电作业等有效措施。
16	管理违章	约时停、送电；带电作业约时停用或恢复重合闸。	电力线路或电气设备的停、送电未按照值班调控人员或工作许可人的指令执行，采取约时停、送电的方式进行倒闸操作。

续表

编号	违章类别	严重违章内容	释　义
17	管理违章	施工总承包单位或专业承包单位未派驻项目负责人、技术负责人、质量管理负责人、安全管理负责人等主要管理人员。合同约定由承包单位负责采购的主要建筑材料、构配件及工程设备或租赁的施工机械设备，由其他单位或个人采购、租赁。	1. 施工总承包单位或专业承包单位未派驻项目负责人、技术负责人、质量管理负责人、安全管理负责人等主要管理人员。 2. 施工总承包单位或专业承包单位派驻的上述主要管理人员未与施工单位订立劳动合同，且没有建立劳动工资和社会养老保险关系。 3. 施工总承包单位或专业承包单位派驻的项目负责人未按照《施工项目部标准化管理手册》要求对工程的施工活动进行组织管理，又不能进行合理解释并提供相应证明。 4. 合同约定由承包单位负责采购的主要建筑材料、构配件及工程设备或租赁的施工机械设备，由其他单位或个人采购、租赁。
18	行为违章	超允许起重量起吊。	1. 起重设备、吊索具和其他起重工具的工作负荷，超过铭牌规定。 2. 没有制造厂铭牌的各种起重机具，未经查算及荷重试验使用。 3. 特殊情况下需超铭牌使用时，未经过计算和试验，未经本单位分管生产的领导或总工程师批准。

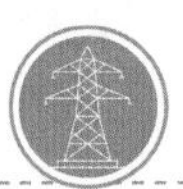

续表

编号	违章类别	严重违章内容	释　　义
19	管理违章	两个及以上专业、单位参与的改造、扩建、检修等综合性作业，未成立由上级单位领导任组长，相关部门、单位参加的现场作业风险管控协调组；现场作业风险管控协调组未常驻现场督导和协调风险管控工作。	1. 涉及多专业、多单位或多专业综合性的二级及以上风险作业，上级单位未成立由副总师以上领导担任负责人、相关单位或专业部门负责人参加的现场作业风险管控协调组。 2. 作业实施期间，现场作业风险管控协调组未常驻作业现场督导协调；未每日召开例会分析部署风险管控工作；未组织检查施工方案及现场风险管控措施落实情况。
20	行为违章	个人保安接地线代替工作接地线使用。	1. 个人保安接地线代替工作接地线使用。 2. 使用其他导线作接地线或短路线。
21	管理违章	模板支撑脚手架搭设未经验收合格即进行模板安装，模板安装未验收合格即进行混凝土浇筑；承重结构混凝土模板拆除时，对未达到混凝土龄期需提前拆模的，未能提供抗压强度报告（同条件养护）或混凝土强度回弹记录。	1. 主体结构模板支撑脚手架搭设未经验收合格即进行模板安装。 2. 承重模板安装未验收合格即进行混凝土浇筑。 3. 承重结构混凝土模板拆除时，对未达到混凝土龄期需提前拆模的，未能提供抗压强度报告（同条件养护）或混凝土强度回弹记录。

续表

编号	违章类别	严重违章内容	释　义
22	行为违章	在带电设备周围使用钢卷尺、金属梯等禁止使用的工器具。	1. 在带电设备周围使用钢卷尺、皮卷尺和线尺（夹有金属丝者）进行测量工作。 2. 在变、配电站（开关站）的带电区域内或临近带电设备处，使用金属梯子、金属脚手架等。
23	行为违章	在运行站内使用吊车、高空作业车、挖掘机等大型机械开展作业，未经设备运维单位批准即改变施工方案规定的工作内容、工作方式等。	1. 在运行站内使用吊车、高空作业车、挖掘机等大型机械开展作业前，施工方案未经设备运维单位批准。 2. 未经设备运维单位批准，擅自改变运行站内吊车、高空作业车、挖掘机等大型机械的工作内容、工作方式等。
24	行为违章	在电容性设备检修前未放电并接地，或结束后未充分放电；高压试验变更接线或试验结束时未将升压设备的高压部分放电、短路接地。	1. 电容性设备检修前、试验结束后未逐相放电并接地；星形接线电容器的中性点未接地。串联电容器或与整组电容器脱离的电容器未逐个多次放电；装在绝缘支架上的电容器外壳未放电；未装接地线的大电容被试设备未先行放电再做试验。 2. 高压试验变更接线或试验结束时，未将升压设备的高压部分放电、短路接地。

续表

编号	违章类别	严重违章内容	释　　义
Ⅲ类严重违章（27条）			
25	管理违章	承发包双方未依法签订安全协议，未明确双方应承担的安全责任。	承发包双方未依法签订安全协议，未明确双方应承担的安全责任。
26	管理违章	将高风险作业定级为低风险。	三级及以上作业风险定级低于实际风险等级。
27	管理违章	现场作业人员未经安全准入考试并合格；新进、转岗和离岗3个月以上电气作业人员，未经专门安全教育培训，并经考试合格上岗。	1. 现场作业人员在安全风险管控监督平台中，无有效期内的准入合格记录。 2. 新进、转岗和离岗3个月以上电气作业人员，未经安全教育培训，并经考试合格上岗。
28	管理违章	特种设备作业人员、特种作业人员、危险化学品从业人员未依法取得资格证书。	1. 涉及生命安全、危险性较大的压力容器（含气瓶）、压力管道、起重机械等特种设备作业人员，未依据《特种设备作业人员监督管理办法》（国家质量监督检验检疫总局令第140号）从特种设备安全监督管理部门取得特种作业人员证书。 2. 高（低）压电工、焊接与热切割作业、高处作业、危险化学品安全作业等特种作业人员，未依据《特种作业人员安全技术培训考核管理规定》（国家安全生产监督管理总局令第30号）从应急、住建等部门取得特种作业操作资格证书。 3. 特种设备作业人员、特种作业人员、危险化学品从业人员资格证书未按期复审。

续表

编号	违章类别	严重违章内容	释　义
29	管理违章	特种设备未依法取得使用登记证书、未经定期检验或检验不合格。	1. 特种设备使用单位未向特种设备安全监督管理部门办理使用登记，未取得使用登记证书。 2. 特种设备超期未检验或检验不合格。
30	行为违章	作业人员擅自穿越、跨越安全围栏、安全警戒线。	作业人员擅自穿越、跨越隔离检修设备与运行设备的遮拦（围栏）、高压试验现场围栏（安全警戒线）、人工挖孔基础作业孔口围栏等。
31	行为违章	起重作业无专人指挥。	以下起重作业无专人指挥： （1）被吊重量达到起重设备额定起重量的80%； （2）两台及以上起重机械联合作业； （3）起吊精密物件、不易吊装的大件或在复杂场所（人员密集区、场地受限或存在障碍物）进行大件吊装； （4）起重机械在临近带电区域作业； （5）易燃易爆品必须起吊时； （6）起重机械设备自身的安装、拆卸； （7）新型起重机械首次在工程上应用。
32	行为违章	未按规定开展现场勘察或未留存勘察记录；工作票（作业票）签发人和工作负责人均未参加现场勘察。	1.《国家电网有限公司作业安全风险管控工作规定》附录 5 “需要现场勘察的典型作业项目”未组织现场勘察或未留存勘察记录。 2. 输变电工程三级及以上风险作业前，未开展作业风险现场复测或未留存勘察记录。 3. 工作票（作业票）签发人、工作负责人均未参加现场勘察。 4. 现场勘察记录缺少与作业相关的临近带电体、交叉跨越、临边等安全风险。

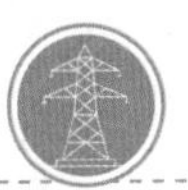

续表

编号	违章类别	严重违章内容	释　　义
33	行为违章	三级及以上风险作业管理人员（含监理人员）未到岗到位进行管控。	1. 二级及以上风险作业，相关地市供电公司级单位或建设管理单位副总师及以上领导、专业管理部门负责人或省电力公司级单位专业管理部门人员未到岗到位。 2. 三级风险作业，相关地市供电公司级单位或建设管理单位专业管理部门人员、县供电公司级单位、二级机构负责人或专业管理部门人员未到岗到位。 3. 三级风险作业，监理未全程旁站；二级及以上风险作业，项目总监或安全监理未全程旁站。
34	管理违章	安全风险管控监督平台上的作业开工状态与实际不符；作业现场未布设与安全风险管控监督平台作业计划绑定的视频监控设备，或视频监控设备未开机、未拍摄现场作业内容。	1. 现场实际在开工状态，安全风险管控监督平台上的作业状态为“未开工”或“已收工”。 2. 作业现场未布设与平台作业计划绑定的视频监控设备，或视频监控设备未开机、未拍摄现场作业内容。
35	行为违章	起吊或牵引过程中，受力钢丝绳周围、上下方、内角侧和起吊物下面，有人逗留或通过。	1. 起重机在吊装过程中，受力钢丝绳周围、吊臂或起吊物下方有人逗留或通过。 2. 绞磨机、牵引机、张力机等受力钢丝绳周围、上下方、内角侧等受力侧有人逗留或通过。

续表

编号	违章类别	严重违章内容	释　　义
36	行为违章	使用起重机作业时，吊物上站人，作业人员利用吊钩上升或下降。	略。
37	行为违章	票面（包括作业票、工作票及分票、动火票等）缺少工作负责人、工作班成员签字等关键内容。	1. 施工作业票（包括工作票等）票种使用错误。 2. 工作票（含分票、工作任务单、动火票等）票面缺少工作许可人、工作负责人、工作票签发人、工作班成员（含新增人员）等签字信息；作业票缺少审核人、签发人、作业人员（含新增人员）等签字信息。 3. 工作票（含分票、工作任务单、动火票等）票面设备双重名称填写错误；作业中工作票延期、工作负责人变更等未在票面上准确记录。 4. 施工作业票（含工作票、工作任务单、动火票等）票面防触电、防高坠、防窒息等重要安全技术措施遗漏或错误。 5. 工作票（含分票、工作任务单、动火票、作业票等）签发、许可、计划开工、结束时间存在逻辑错误或与实际不符。 6. 票面（包括作业票、工作票及分票、动火票等）双重名称、编号或许可时间涂改。

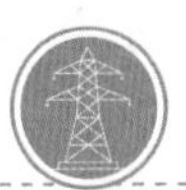

续表

编号	违章类别	严重违章内容	释　　义
38	管理违章	不具备“三种人”资格的人员担任工作票签发人、工作负责人或许可人。	1.施工作业票签发人名单未经其单位考核、批准并公布。 2. 工作负责人名单未经施工项目部考核、批准并公布。 3. 专业分包单位的施工作业票签发人、工作负责人未经分包单位批准公布并报备承包单位。
39	行为违章	重要工序、关键环节作业未按施工方案或规定程序开展作业；作业人员未经批准擅自改变已设置的安全措施。	1. 电网建设工程施工重要工序（《国家电网有限公司输变电工程建设安全管理规定》附件 4 重要临时设施、重要施工工序、特殊作业、危险作业）及关键环节未按施工方案中作业方法、标准或规定程序开展作业。 2.未经工作负责人和工作许可人双方批准，擅自变更安全措施。
40	管理违章	施工方案由劳务分包单位编制。	施工方案仅由劳务分包单位或劳务分包单位人员编制。

续表

编号	违章类别	严重违章内容	释　　义
41	管理违章、行为违章	对“超过一定规模的危险性较大的分部分项工程”（含大修、技改等项目），未组织编制专项施工方案（含安全技术措施）未按规定论证、审核、审批、交底及现场监督实施。	1. 超过一定规模的危险性较大的分部分项工程（住房城乡建设部办公厅关于实施《危险性较大的分部分项工程安全管理规定》有关问题的通知“工程项目超过一定规模的危险性较大的分部分项工程范围”，含大修、技改等项目），未按规定编制专项施工方案（含安全技术措施）。 2. 专项施工方案（含安全技术措施）未按规定组织专家论证；建设单位项目负责人、监理单位项目总监理工程师、总承包单位和分包单位技术负责人或授权委派的专业技术人员未参加专家论证会。 3. 专项施工方案（含安全技术措施）未按规定履行审核程序。 4. 作业单位（施工项目部）未组织专项施工方案（含安全技术措施）现场交底，未指定专人现场监督实施。
42	行为违章	在易燃易爆或禁火区域携带火种、使用明火、吸烟；未采取防火等安全措施在易燃物品上方进行焊接，下方无监护人。	1. 在储存或加工存有易燃易爆危险化学品（汽油、乙醇、乙炔、液化气体、爆破用雷管等《危险货物品名表》《危险化学品名录》所列易燃易爆品）等具有火灾、爆炸危险的场所和地方政府划定的森林草原防火区及森林草原防火期，地方政府划定的禁火区及禁火期、含油设备周边等禁火区域携带火种、使用明火、吸烟或动火作业。 2. 在易燃物品上方进行焊接，未采取防火隔离、防护等安全措施，下方无监护人。

续表

编号	违章类别	严重违章内容	释　　义
43	管理违章	劳务分包单位自备施工机械设备或安全工器具。	1. 劳务分包单位自备施工机械设备或安全工器具。 2. 施工机械设备、安全工器具的采购、租赁或送检单位为劳务分包单位。 3. 合同约定由劳务分包单位提供施工机械设备或安全工器具。
44	行为违章	汽车式起重机作业前未支好全部支腿；支腿未按规程要求加垫木。	1. 汽车起重机作业过程中未按照设备操作规程支好全部支腿；支腿未加垫木（垫板）。 2. 起重机车轮、支腿或履带的前端、外侧与沟、坑边缘的距离小于沟、坑深度的 1.2 倍时，未采取防倾倒、防坍塌措施。
45	管理违章	自制施工工器具未经检测试验合格。	自制或改造起重滑车、卸扣、切割机、液压工器具、手扳（链条）葫芦、卡线器、吊篮等工器具，未经有资质的第三方检验机构检测试验，无试验合格证或试验合格报告。
46	行为违章	使用金具 U 形环代替卸扣；使用普通材料的螺栓取代卸扣销轴。	1. 起吊作业使用金具 U 形环代替卸扣。 2. 使用普通材料的螺栓取代卸扣销轴。
47	管理违章	链条葫芦、手扳葫芦、吊钩式滑车等装置的吊钩和起重作业使用的吊钩无防止脱钩的保险装置。	1. 使用中的链条葫芦、手扳葫芦吊钩无封口部件或封口部件失效。 2. 使用中的吊钩式起重滑车无防止脱钩的钩口闭锁装置或闭锁装置失效。 3. 起重作业中使用的吊钩无防止脱钩的保险装置或保险装置失效。
48	装置违章	吊车未安装限位器。	吊车未安装限位器或限位器失效。

续表

编号	违章类别	严重违章内容	释义
49	行为违章	受力工器具（吊索具、卸扣等）超负荷使用。	受力工器具（链条葫芦、吊索具、卸扣等）超过出厂说明书、铭牌或检测试验报告等规定的承载值，超负荷使用。
50	行为违章	钻孔灌注桩孔顶未埋设钢护筒，或钢护筒埋深小于1m。钻孔灌注桩施工时，作业人员进入没有护筒或其他防护设施的钻孔中工作。	略。
51	管理违章	在互感器二次回路上工作，未采取防止电流互感器二次回路开路、电压互感器二次回路短路的措施。	1. 短路电流互感器二次绕组时，短路片或短路线连接不牢固，或用导线缠绕。 2. 在带电的电压互感器二次回路上工作时，工器具（毛刷、螺丝刀）的金属部分未做好绝缘防护措施。

建设线路专业严重违章释义清单

编号	违章类别	严重违章内容	释　义
Ⅰ类严重违章（16条）			
1	管理违章	无日计划作业，或实际作业内容与日计划不符。	1. 日作业计划（含临时计划、抢修计划）未录入安全风险管控监督平台。 2. 安全风险管控监督平台中日计划取消后，实际作业未取消。 3. 现场作业超出安全风险管控监督平台中作业计划范围。
2	管理违章	工作负责人（作业负责人、专责监护人）不在现场，或劳务分包人员担任工作负责人（作业负责人）。	1. 工作负责人（作业负责人、专责监护人）未到现场。 2. 工作负责人（作业负责人）暂时离开作业现场时，未指定能胜任的人员临时代替。 3. 工作负责人（作业负责人）长时间离开作业现场时，未由原工作票签发人变更工作负责人。 4. 专责监护人临时离开作业现场时，未通知被监护人员停止作业或离开作业现场。 5. 专责监护人长时间离开作业现场时，未由工作负责人变更专责监护人。 6. 劳务分包人员担任工作负责人（作业负责人）。
3	行为违章	未经工作许可（包括在客户侧工作时，未获客户许可），即开始工作。	1. 公司系统电网生产作业未经调度管理部门或设备运维管理单位许可，擅自开始工作。 2. 在用户管理的变电站或其他设备上工作时未经用户许可，擅自开始工作。

续表

编号	违章类别	严重违章内容	释　义
4	行为违章	作业人员不清楚工作任务、危险点。	1. 工作负责人（作业负责人）不了解现场所有的工作内容，不掌握危险点及安全防控措施。 2. 专责监护人不掌握监护范围内的工作内容、危险点及安全防控措施。 3. 作业人员不熟悉本人参与的工作内容，不掌握危险点及安全防控措施。
5	行为违章	超出作业范围未经审批。	1. 在原工作票的停电及安全措施范围内增加工作任务时，未征得工作票签发人和工作许可人同意，未在工作票上增填工作项目。 2. 原工作票增加工作任务需变更或增设安全措施时，未重新办理新的工作票，并履行签发、许可手续。
6	行为违章	作业点未在接地保护范围。	1. 停电工作的设备，可能来电的各方未在正确位置装设接地线（接地刀闸）。 2. 工作地段各端和工作地段内有可能反送电的各分支线（包括用户）未在正确位置装设接地线（接地刀闸）。 3. 作业人员擅自移动或拆除接地线（接地刀闸）。

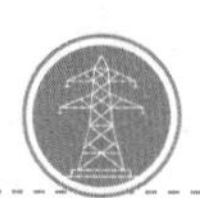

续表

编号	违章类别	严重违章内容	释　　义
7	行为违章	漏挂接地线或漏合接地刀闸。	1. 工作票所列的接地安全措施未全部完成即开始工作（同一张工作票多个作业点依次工作时，工作地段的接地安全措施未全部完成即开始工作）。 2. 配合停电的线路未按以下要求装设接地线： （1）交叉跨越、邻近线路在交叉跨越或邻近线路处附近装设接地线； （2）配合停电的同杆（塔）架设配电线路装设接地线与检修线路相同。
8	行为违章	组立杆塔、撤杆、撤线或紧线前未按规定采取防倒杆塔措施；架线施工前，未紧固地脚螺栓。	1. 拉线塔分解拆除时未先将原永久拉线更换为临时拉线再进行拆除作业。 2. 带张力断线或采用突然剪断导、地线的做法松线。 3. 耐张塔采取非平衡紧挂线前，未设置杆塔临时拉线和补强措施。 4. 杆塔整体拆除时，未增设拉线控制倒塔方向。 5. 地脚螺栓与螺母型号不匹配。 6. 架线施工前，未对地脚螺栓采取加垫板并拧紧螺帽的措施。

续表

编号	违章类别	严重违章内容	释　　义
9	行为违章	有限空间作业未执行“先通风、再检测、后作业”要求；未正确设置监护人；未配置或不正确使用安全防护装备、应急救援装备。	1. 电缆井、电缆隧道、深度超过 2m 的基坑及沟（槽）内且相对密闭、容易聚集易燃易爆及有毒气体的有限空间作业前未通风或气体检测浓度高于《国家电网有限公司有限空间作业安全工作规定》附录 7 规定要求。 2. 电缆井、电缆隧道、深度超过 2m 的基坑、沟（槽）内且相对密闭的有限空间作业未在入口设置监护人或监护人擅离职守。 3. 未根据有限空间作业的特点和应急预案、现场处置方案，配备使用气体检测仪、呼吸器、通风机等安全防护装备和应急救援装备；当作业现场无法通过目视、喊话等方式进行沟通时，未配备对讲机；在可能进入有害环境时，未配备满足作业安全要求的隔绝式或过滤式呼吸防护用品。
10	行为违章	存在高坠、物体打击风险的作业现场，人员未佩戴安全帽。	在高处作业、垂直交叉作业、深基坑作业、组塔架线、起重吊装等存在高坠、物体打击风险的作业区域内，人员未佩戴安全帽。
11	行为违章	无票（包括作业票、工作票及分票、操作票、动火票等）工作、无令操作。	1. 在运用中电气设备上及相关场所的工作，未按照《安规》规定使用工作票。 2. 未按照《安规》规定使用施工作业票、动火票。
12	管理违章	同一工作负责人同时执行两张及以上施工作业票。	略。

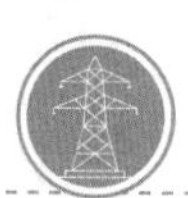

续表

编号	违章类别	严重违章内容	释　　义
13	管理违章	使用达到报废标准的或超出检验期的安全工器具。	使用的个体防护装备（安全帽、安全带、安全绳、静电防护服、防电弧服、屏蔽服装等）、绝缘安全工器具（验电器、接地线、绝缘手套、绝缘靴、绝缘杆、绝缘遮蔽罩、绝缘隔板等）等专用工具和器具存在以下问题： （1）外观检查明显损坏或零部件缺失影响工器具防护功能； （2）超过有效使用期限； （3）试验或检验结果不符合国家或行业标准； （4）超出检验周期或检验时间涂改、无法辨认； （5）无有效检验合格证或检验报告。
14	行为违章	高处作业、攀登或转移作业位置时失去保护。	1. 高处作业未搭设脚手架，使用高空作业车、升降平台或采取其他防止坠落措施。 2. 在屋顶及其他危险的边沿工作，临空一面未装设安全网、防护栏杆或作业人员未使用安全带。 3. 高处作业人员在转移作业位置时，失去安全保护。
15	行为违章	组塔过程中，在杆塔上有人时通过调整临时拉线来校正杆塔倾斜或弯曲。在永久拉线未全部安装完成的情况下就拆除临时拉线。	略。

续表

编号	违章类别	严重违章内容	释　　义
16	行为违章	牵引过程中，牵引机、张力机进出口前方有人通过。	1. 牵引过程中,人员站在或跨过以下位置: （1）受力的牵引绳或导（地）线; （2）牵引绳或导（地）线内角侧; （3）展放的牵引绳或导（地）线圈内; （4）牵引绳或架空线正下方。 2. 牵引过程中，牵引机、张力机进出口前方有人通过。
Ⅱ类严重违章（12 条）			
17	行为违章、管理违章	在带电设备附近作业前未计算校核安全距离；作业安全距离不够且未采取有效措施。	1. 在带电设备附近作业前，未根据带电体安全距离要求，对施工作业中可能进入安全距离内的人员、机具、构件等进行计算校核。 2. 在带电设备附近作业计算校核的安全距离与现场实际不符，不满足安全要求。 3. 在带电设备附近作业安全距离不够时，未采取绝缘遮蔽或停电作业等有效措施。
18	管理违章	施工总承包单位或专业承包单位未派驻项目负责人、技术负责人、质量管理负责人、安全管理负责人等主要管理人员。合同约定由承包单位负责采购的主要建筑材料、构配件及工程设备或租赁的施工机械设备，由其他单位或个人采购、租赁。	1. 施工总承包单位或专业承包单位未派驻项目负责人、技术负责人、质量管理负责人、安全管理负责人等主要管理人员。 2. 施工总承包单位或专业承包单位派驻的上述主要管理人员未与施工单位订立劳动合同，且没有建立劳动工资和社会养老保险关系。 3. 施工总承包单位或专业承包单位派驻的项目负责人未按照《施工项目部标准化管理手册》要求对工程的施工活动进行组织管理，又不能进行合理解释并提供相应证明。 4. 合同约定由承包单位负责采购的主要建筑材料、构配件及工程设备或租赁的施工机械设备，由其他单位或个人采购、租赁。

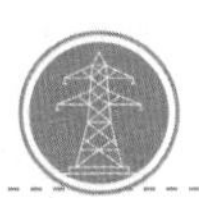

续表

编号	违章类别	严重违章内容	释　　义
19	管理违章	约时停、送电；带电作业约时停用或恢复重合闸。	1. 电力线路或电气设备的停、送电未按照值班调控人员或工作许可人的指令执行，采取约时停、送电的方式进行倒闸操作。 2. 需要停用重合闸或直流线路再启动功能的带电作业未由值班调控人员履行许可手续，采取约时方式停用或恢复重合闸或直流线路再启动功能。
20	行为违章	超允许起重量起吊。	1. 起重设备、吊索具和其他起重工具的工作负荷，超过铭牌规定。 2. 没有制造厂铭牌的各种起重机具，未经查算及荷重试验使用。 3. 特殊情况下需超铭牌使用时，未经过计算和试验，未经本单位分管生产的领导或总工程师批准。
21	管理违章	两个及以上专业、单位参与的改造、扩建、检修等综合性作业，未成立由上级单位领导任组长，相关部门、单位参加的现场作业风险管控协调组；现场作业风险管控协调组未常驻现场督导和协调风险管控工作。	1. 涉及多专业、多单位或多专业综合性的二级及以上风险作业，上级单位未成立由副总师以上领导担任负责人、相关单位或专业部门负责人参加的现场作业风险管控协调组。 2. 作业实施期间，现场作业风险管控协调组未常驻作业现场督导协调；未每日召开例会分析部署风险管控工作；未组织检查施工方案及现场风险管控措施落实情况。

续表

编号	违章类别	严重违章内容	释　　义
22	行为违章	乘坐船舶或水上作业超载，或不使用救生装备。	1. 船舶未根据船只载重量及平衡程度装载，超载、超员。 2. 水上作业或乘坐船舶时，未全员配备、使用救生装备。
23	行为违章	货运索道载人。	略。
24	管理违章	拉线、地锚、索道投入使用前未计算校核受力情况。	1. 未根据拉线受力、环境条件等情况，选择必要安全系数并在留有足够裕度后计算拉线规格。 2. 未根据实际情况及规程规范计算确定地锚的布设数量及方式，未按照受力、地锚型式、土质等情况确定地锚承载力和具体埋设要求。 3. 未按索道设计运输能力、承力索规格、支撑点高度和高差、跨越物高度、索道挡距精确计算索道架设弛度。
25	管理违章	拉线、地锚、索道投入使用前未开展验收；组塔架线前未对地脚螺栓开展验收；验收不合格，未整改并重新验收合格即投入使用。	1. 拉线投入使用前未按照施工方案要求进行核查、验收，安全监理工程师或监理员未进行复验；现场未设置验收合格牌。 2. 地锚投入使用前未按施工方案及规程规范要求进行验收，安全监理工程师或监理员未进行复验；现场未设置验收合格牌。 3. 索道投入使用前未按施工方案及规程规范要求进行验收，安全监理工程师未复验，业主项目部安全专责未核验；现场未设置验收合格牌及索道参数牌。 4. 架线作业前未检查地脚螺栓垫板与塔脚板是否靠紧、两螺母是否紧固到位及防卸措施是否到位，安全监理工程师或监理员未进行复核；无基础及保护帽浇筑过程中的监理旁站记录。 5. 上述环节验收未合格即投入使用。

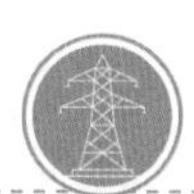

续表

编号	违章类别	严重违章内容	释　义
26	行为违章	个人保安接地线代替工作接地线使用。	1. 个人保安接地线代替工作接地线使用。 2. 使用其他导线作工作接地线。
27	行为违章	采用正装法组立超过 30m 的悬浮抱杆。	抱杆无法一次整体起立时，多次对接组立未采取倒装方式，采用正装方式对接组立悬浮抱杆。
28	行为违章	紧断线平移导线挂线作业未采取交替平移子导线的方式。	略。
Ⅲ类严重违章（36 条）			
29	管理违章	承发包双方未依法签订安全协议，未明确双方应承担的安全责任。	略。
30	管理违章	将高风险作业定级为低风险。	三级及以上作业风险定级低于实际风险等级。
31	管理违章	现场作业人员未经安全准入考试并合格；新进、转岗和离岗 3 个月以上电气作业人员，未经专门安全教育培训，并经考试合格上岗。	1. 现场作业人员在安全风险管控监督平台中，无有效期内的准入合格记录。 2. 新进、转岗和离岗 3 个月以上电气作业人员，未经安全教育培训，并经考试合格上岗。

续表

编号	违章类别	严重违章内容	释　　义
32	管理违章	特种设备作业人员、特种作业人员、危险化学品从业人员未依法取得资格证书。	1. 涉及生命安全、危险性较大的压力容器（含气瓶）、压力管道、起重机械等特种设备作业人员，未依据《特种设备作业人员监督管理办法》（国家质量监督检验检疫总局令第 140 号）从特种设备安全监督管理部门取得特种作业人员证书。 2. 高（低）压电工、焊接与热切割作业、高处作业、危险化学品安全作业等特种作业人员，未依据《特种作业人员安全技术培训考核管理规定》（国家安全生产监督管理总局令第 30 号）从应急、住建等部门取得特种作业操作资格证书。 3. 特种设备作业人员、特种作业人员、危险化学品从业人员资格证书未按期复审。
33	管理违章	特种设备未依法取得使用登记证书、未经定期检验或检验不合格。	1. 特种设备使用单位未向特种设备安全监督管理部门办理使用登记，未取得使用登记证书。 2. 特种设备超期未检验或检验不合格。
34	行为违章	作业人员擅自穿越、跨越隔离检修设备与运行设备的遮拦（围栏）、高压试验现场围栏（安全警戒线）、人工挖孔基础作业孔口围栏等。	作业人员擅自穿越、跨越隔离检修设备与运行设备的遮拦（围栏）、高压试验现场围栏（安全警戒线）、人工挖孔基础、深基坑作业孔口围栏等。

续表

编号	违章类别	严重违章内容	释　　义
35	行为违章	作业现场违规存放民用爆炸物品。	1. 作业现场临时存放的爆破器材超过公安机关审批同意的数量或当天所需要的种类和当班爆破作业用量。 2. 作业现场民用爆炸物品临时存放点安全保卫措施不符合《民用爆炸物品安全管理条例》《爆破安全规程》《国家电网有限公司民用爆炸物品安全管理工作规范》等规定要求。
36	行为违章	起重作业无专人指挥。	1. 被吊重量达到起重设备额定起重量的80%。 2. 两台及以上起重机械联合作业。 3. 起吊精密物件、不易吊装的大件或在复杂场所（人员密集区、场地受限或存在障碍物）进行大件吊装。 4. 起重机械在临近带电区域作业。 5. 易燃易爆品必须起吊时。 6. 起重机械设备自身的安装、拆卸。 7. 新型起重机械首次在工程上应用。
37	行为违章	三级及以上风险作业管理人员（含监理人员）未到岗到位进行管控。	1. 二级及以上风险作业，相关地市供电公司级单位或建设管理单位副总师及以上领导、专业管理部门负责人或省电力公司级单位专业管理部门人员未到岗到位。 2. 三级风险作业，相关地市供电公司级单位或建设管理单位专业管理部门人员、县供电公司级单位、二级机构负责人或专业管理部门人员应到岗到位。 3. 三级风险作业，监理未全程旁站；二级及以上风险作业，项目总监或安全监理未全程旁站。

续表

编号	违章类别	严重违章内容	释义
38	管理违章	安全风险管控监督平台上的作业开工状态与实际不符；作业现场未布设与安全风险管控监督平台作业计划绑定的视频监控设备，或视频监控设备未开机、未拍摄现场作业内容。	1. 现场实际在开工状态，安全风险管控监督平台上的作业状态为“未开工”或“已收工”。 2. 作业现场未布设与平台作业计划绑定的视频监控设备，或视频监控设备未开机、未拍摄现场作业内容。
39	行为违章	起吊或牵引过程中，受力钢丝绳周围、上下方、转向滑车内角侧、吊臂和起吊物下面，有人逗留或通过。	1. 起重机在吊装过程中，受力钢丝绳周围、吊臂或起吊物下方有人逗留或通过。 2. 绞磨机、牵引机、张力机等受力钢丝绳周围、上下方、内角侧等受力侧有人逗留或通过。
40	行为违章	电力线路设备拆除后，带电部分未处理。	1. 施工用电线路、电动机械及照明设备拆除后，带电部分未处理。 2. 运行线路设备拆除后，带电部分未处理。
41	行为违章	未按规定开展现场勘察或未留存勘察记录；工作票（作业票）签发人和工作负责人均未参加现场勘察。	1.《国家电网有限公司作业安全风险管控工作规定》附录5“需要现场勘察的典型作业项目”未组织现场勘察或未留存勘察记录。 2. 输变电工程三级及以上风险作业前，未开展作业风险现场复测或未留存勘察记录。 3. 工作票（作业票）签发人、工作负责人均未参加现场勘察。 4. 现场勘察记录缺少与作业相关的临近带电体、交叉跨越、周边环境、地形地貌、土质、临边等安全风险。

续表

编号	违章类别	严重违章内容	释　　义
42	管理违章	不具备“三种人”资格的人员担任施工作业票签发人、工作负责人。	1. 施工作业票签发人名单未经其单位考核、批准并公布。 2. 工作负责人名单未经施工项目部考核、批准并公布。 3. 专业分包单位的施工作业票签发人、工作负责人未经分包单位批准公布并报备承包单位。
43	行为违章	票面（包括作业票、工作票及分票、动火票等）缺少工作负责人、工作班成员签字等关键内容。	1. 施工作业票（包括工作票等）票种使用错误。 2. 工作票（含分票、工作任务单、动火票等）票面缺少工作许可人、工作负责人、工作票签发人、工作班成员（含新增人员）等签字信息；作业票缺少审核人、签发人、作业人员（含新增人员）等签字信息。 3. 工作票（含分票、工作任务单、动火票等）票面线路名称（含同杆多回线路双重称号）、设备双重名称填写错误；作业中工作票延期、工作负责人变更等未在票面上准确记录。 4. 施工作业票（含工作票、工作任务单、动火票等）票面防触电、防高坠、防倒（断）杆、防窒息等重要安全技术措施遗漏或错误。 5. 工作票（含分票、工作任务单、动火票、作业票等）签发、许可、计划开工、结束时间存在逻辑错误或与实际不符。 6. 票面（包括作业票、工作票及分票、动火票等）双重名称、编号或许可时间涂改。

续表

编号	违章类别	严重违章内容	释　　义
44	行为违章	重要工序、关键环节作业未按施工方案或规定程序开展作业；作业人员未经批准擅自改变已设置的安全措施。	1. 电网建设工程施工重要工序（《国家电网有限公司输变电工程建设安全管理规定》，附件 4 重要临时设施、重要施工工序、特殊作业、危险作业）及关键环节未按施工方案中作业方法、标准或规定程序开展作业。 2. 未经工作负责人和工作许可人双方批准，擅自变更安全措施。
45	管理违章	施工方案由劳务分包单位编制。	施工方案仅由劳务分包单位或劳务分包单位人员编制。
46	管理违章、行为违章	对“超过一定规模的危险性较大的分部分项工程”（含大修、技改等项目），未组织编制专项施工方案（含安全技术措施），未按规定论证、审核、审批、交底及现场监督实施。	1. 超过一定规模的危险性较大的分部分项工程（住房城乡建设部办公厅关于实施《危险性较大的分部分项工程安全管理规定》有关问题的通知“工程项目超过一定规模的危险性较大的分部分项工程范围”，含大修、技改等项目），未按规定编制专项施工方案（含安全技术措施）。 2. 专项施工方案（含安全技术措施）未按规定组织专家论证；建设单位项目负责人、监理单位项目总监理工程师、总承包单位和分包单位技术负责人或授权委派的专业技术人员未参加专家论证会。 3. 专项施工方案（含安全技术措施）未按规定履行审核程序。 4. 作业单位（施工项目部）未组织专项施工方案（含安全技术措施）现场交底，未指定专人现场监督实施。

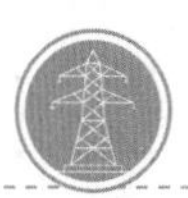

续表

编号	违章类别	严重违章内容	释　　义
47	行为违章	在易燃易爆或禁火区域携带火种、使用明火、吸烟；未采取防火等安全措施在易燃物品上方进行焊接，下方无监护人。	1. 在储存或加工存有易燃易爆危险化学品（汽油、乙醇、乙炔、液化气体、爆破用雷管等《危险货物品名表》《危险化学品名录》所列易燃易爆品）等具有火灾、爆炸危险的场所和地方政府划定的森林草原防火区及森林草原防火期，地方政府划定的禁火区及禁火期、含油设备周边等禁火区域携带火种、使用明火、吸烟或动火作业。 2. 在易燃物品上方进行焊接，未采取防火隔离、防护等安全措施，下方无监护人。
48	行为违章	货运索道超载使用。	略。
49	管理违章	自制施工工器具未经检测试验合格。	自制或改造起重滑车、卸扣、切割机、液压工器具、手扳（链条）葫芦、卡线器、吊篮等工器具，未经有资质的第三方检验机构检测试验，无试验合格证或试验合格报告。
50	行为违章	使用金具U形环代替卸扣；使用普通材料的螺栓取代卸扣销轴。	1. 起吊作业使用金具U形环代替卸扣。 2. 使用普通材料的螺栓取代卸扣销轴。
51	管理违章	链条葫芦、手扳葫芦、吊钩式滑车等装置的吊钩和起重作业使用的吊钩无防止脱钩的保险装置。	1. 使用中的链条葫芦、手扳葫芦吊钩无封口部件或封口部件失效。 2. 使用中的吊钩式起重滑车无防止脱钩的钩口闭锁装置或闭锁装置失效。 3. 起重作业中使用的吊钩无防止脱钩的保险装置或保险装置失效。

续表

编号	违章类别	严重违章内容	释　义
52	行为违章	使用起重机作业时，吊物上站人，作业人员利用吊钩上升或下降。使用起重机械载运人员。	1. 起重机在吊装过程中，吊物上站人。 2. 作业人员利用吊钩上升或下降。 3. 使用起重机械载运人员。
53	管理违章	绞磨、卷扬机放置不稳；锚固不可靠；牵引设备及张力设备的锚固不可靠。	1. 绞磨、卷扬机未放置在平整、坚实、无障碍物的场地上。 2. 绞磨、卷扬机锚固在树木或外露岩石等承力大小不明物体上；地锚、拉线设置不满足现场实际受力安全要求。 3. 绞磨、卷扬机受力前方有人。 4.拉磨尾绳人员位于锚桩前面或站在绳圈内。
54	行为违章	汽车式起重机作业前未支好全部支腿；支腿未按规程要求加垫木。	1. 汽车起重机作业过程中未按照设备操作规程支好全部支腿；支腿未加垫木（垫板）。 2. 起重机车轮、支腿或履带的前端、外侧与沟、坑边缘的距离小于沟、坑深度的 1.2 倍时，未采取防倾倒、防坍塌措施。
55	行为违章	受力工器具(抱杆连接螺栓、卸扣等）以小代大或超负荷使用。	受力工器具（抱杆连接螺栓、链条葫芦、卸扣、旋转连接器等）以小代大，或超过出厂说明书、铭牌或检测试验报告等规定的承载值，超负荷使用。
56	装置违章	吊车未安装限位器。	吊车未安装限位器或限位器失效。

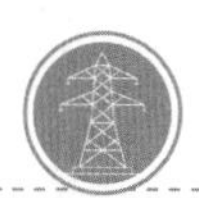

续表

编号	违章类别	严重违章内容	释　　义
57	管理违章	劳务分包单位自备施工机械设备或安全工器具。	1. 劳务分包单位自备施工机械设备或安全工器具。 2. 施工机械设备、安全工器具的采购、租赁或送检单位为劳务分包单位。 3. 合同约定由劳务分包单位提供施工机械设备或安全工器具。
58	行为违章	安全带系在移动或不牢固的物件上（如瓷横担、未经固定的转动横担、线路支柱绝缘子等）。	安全带和后备保护绳系在移动或不牢固的物件上（如瓷横担、未经固定的转动横担、线路支柱绝缘子等）。
59	管理违章、行为违章	高边坡施工未按要求设置安全防护设施；对不良地质构造的高边坡，未按设计要求采取锚喷或加固等支护措施。	1. 高边坡上下层垂直交叉作业中间未设置隔离防护棚或安全防护拦截网，并明确专人监护。 2. 高边坡作业时未设置防护栏杆并系安全带。
60	管理违章、行为违章	平衡挂线时，在同一相邻耐张段的同相导线上进行其他作业。	平衡挂线时，在同一相邻耐张段的同相（极）导线上进行其他作业。

续表

编号	违章类别	严重违章内容	释义
61	行为违章	放线区段有跨越、平行输电线路时，导（地）线或牵引绳未采取接地措施。	1. 放线区段有跨越、平行带电线路时，牵引机及张力机出线端的导（地）线及牵引绳上未安装接地滑车。 2. 跨越不停电线路时，跨越档两端的导线未接地。 3. 紧线作业区段内有跨越、平行带电线路时，作业点两侧未可靠接地。
62	行为违章	耐张塔挂线前，未使用导体将耐张绝缘子串短接。	略。
63	行为违章	脚手架、跨越架未经验收合格即投入使用。	1.脚手架、跨越架搭设后未经使用单位(施工项目部）、监理单位验收合格，未挂验收牌，即投入使用。 2. 作业现场使用竹（木）脚手架。
64	行为违章	导线高空锚线未设置二道保护措施；重要跨越档两端铁塔的附件安装未进行二道防护。	1. 平衡挂线、导地线更换作业过程中，导线高空锚线未设置二道保护措施。 2. 更换绝缘子串和移动导线作业过程中，采用单吊（拉）线装置时，未设置防导线脱落的后备保护措施。 3. 重要跨越档两端铁塔的附件安装未进行二道防护。

建设专业典型违章图册

（一）红线违章

序号	红线违章		
1		违章内容	无计划无票作业。
		违反条款	《国网蒙东电力“安全红线”》建设专业第1条：无计划作业，或实际作业内容与计划不符。
2		违章内容	作业现场只有分包人员，无自有骨干人员。
		违反条款	《国网蒙东电力“安全红线”》建设专业第2条：作业层班组骨干实际到位情况不满足人员配置要求。

续表

序号	红线违章		
3		违章内容	基础施工作业人员未佩戴安全帽。
		违反条款	《国网蒙东电力“安全红线”》建设专业第 5 条：未正确佩戴安全帽、使用安全带。

（二）I 类严重违章

序号	I 类严重违章		
4		违章内容	作业过程中工作负责人、专责监护人、监理均不在作业现场。
		违反条款	《典型违章库——基建线路部分》第 2 条：工作负责人（作业负责人、专责监护人）不在现场，或劳务分包人员担任工作负责人(作业负责人)。

续表

序号	I 类 严 重 违 章		
5		违章内容	安全绳无检测合格证、无连接器。
		违反条款	《典型违章库——基建线路部分》第 13 条：使用达到报废标准的或超出检验期的安全工器具。
6		违章内容	高处作业、攀登或转移作业位置时失去保护。
		违反条款	《典型违章库——基建线路部分》第 14 条：高处作业、攀登或转移作业位置时失去保护。

（三）Ⅱ类严重违章

序号	Ⅱ 类 严 重 违 章		
7	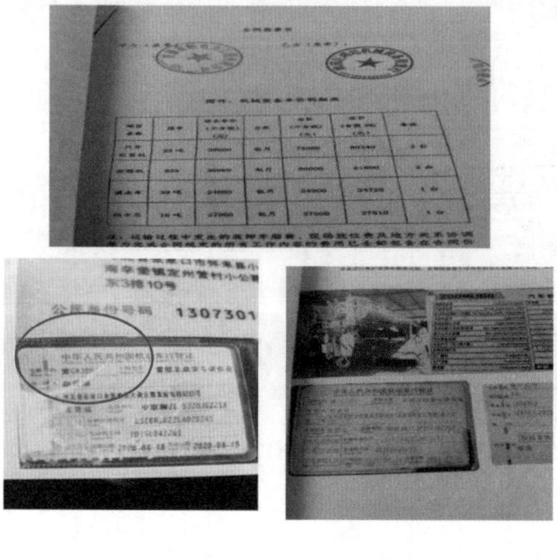	违章内容	作业机械车辆未与租赁公司签订合同，直接与个人租赁。
		违反条款	《典型违章库——基建线路部分》第 18 条：合同约定由承包单位负责采购的主要建筑材料、构配件及工程设备或租赁的施工机械设备，由其他单位或个人采购、租赁。

续表

序号	Ⅱ类严重违章		
8		违章内容	铁塔组立后，地脚螺栓未拧紧。
		违反条款	《典型违章库——基建线路部分》第 25 条：拉线、地锚、索道投入使用前未开展验收；组塔架线前未对地脚螺栓开展验收；验收不合格，未整改并重新验收合格即投入使用。

（四）Ⅲ类严重违章

序号	Ⅲ类严重违章		
9		违章内容	紧线施工现场导线高空锚线未设置二道保护措施。
		违反条款	《典型违章库——基建线路部分》第 64 条：导线高空锚线未设置二道保护措施；重要跨越档两端铁塔的附件安装未进行二道防护。

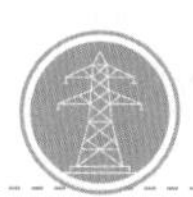

续表

序号	Ⅲ类严重违章		
10		违章内容	起吊过程中，吊物下站人且拉拽吊物。
		违反条款	《典型违章库——基建线路部分》第39条：起吊或牵引过程中，受力钢丝绳周围、上下方、转向滑车内角侧、吊臂和起吊物下面，有人逗留或通过。
11		违章内容	跨越带电线路跨越架搭设不合格未经验收。
		违反条款	《典型违章库——基建线路部分》第63条：脚手架、跨越架未经验收合格即投入使用。
12		违章内容	部分耐张绝缘子串未短接。
		违反条款	《典型违章库——基建线路部分》第62条：耐张塔挂线前，未使用导体将耐张绝缘子串短接。

续表

序号	Ⅲ 类 严 重 违 章		
13		违章内容	作业用皮卡车拽塔上导链，与施工方案不符。
		违反条款	《典型违章库——基建线路部分》第 44 条：重要工序、关键环节作业未按施工方案或规定程序开展作业；作业人员未经批准擅自改变已设置的安全措施。
14		违章内容	现场绞磨摆放不平稳，锚固不可靠。
		违反条款	《典型违章库——基建线路部分》第 53 条：绞磨、卷扬机放置不稳；锚固不可靠；牵引设备及张力设备的锚固不可靠。

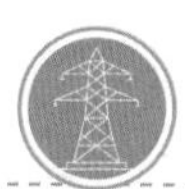

续表

序号	Ⅲ 类 严 重 违 章		
15		违章内容	现场三级风险作业监理人员未到岗履职。
		违反条款	《典型违章库——基建变电部分》第33条：三级及以上风险作业管理人员（含监理人员）未到岗到位进行管控。
16	安全事件简报 暂无数据 考试时间 报考专业 考试成绩 是否及格 2023-11-16 14:01:54 电网建设变电专业 81 不合格	违章内容	工作班成员安全准入考试不合格却参与现场作业。
		违反条款	《典型违章库——基建线路部分》第31条：现场作业人员未经安全准入考试并合格；新进、转岗和离岗3个月以上电气作业人员，未经专门安全教育培训，并经考试合格就上岗。

续表

<table>
<tr><th>序号</th><th colspan="3">Ⅲ 类 严 重 违 章</th></tr>
<tr><td rowspan="2">17</td><td rowspan="2"></td><td>违章内容</td><td>施工作业人员无特种作业操作证从事脚手架搭设作业。</td></tr>
<tr><td>违反条款</td><td>《典型违章库——基建线路部分》第 32 条：特种设备作业人员、特种作业人员、危险化学品从业人员未依法取得资格证书。</td></tr>
<tr><td rowspan="2">18</td><td rowspan="2"></td><td>违章内容</td><td>现场已开工，风控平台显示未开工。</td></tr>
<tr><td>违反条款</td><td>《典型违章库——基建线路部分》第 38 条：安全风险管控监督平台上的作业开工状态与实际不符；作业现场未布设与安全风险管控监督平台作业计划绑定的视频监控设备，或视频监控设备未开机、未拍摄现场作业内容。</td></tr>
</table>

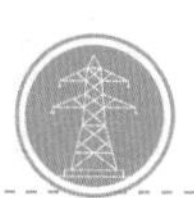

续表

序号	Ⅲ类严重违章		
19		违章内容	现场新增工作班成员，未履行工作票确认签字手续。
		违反条款	《典型违章库——基建线路部分》第43条：票面（包括作业票、工作票及分票、动火票等）缺少工作负责人、工作班成员签字等关键内容。
20		违章内容	安全交底工作负责人代替所有作业人员签名。
		违反条款	《典型违章库——基建线路部分》第43条：票面（包括作业票、工作票及分票、动火票等）缺少工作负责人、工作班成员签字等关键内容。

续表

序号	Ⅲ 类 严 重 违 章		
21	现场勘察记录 勘察日期：2023年03月24日 勘察单位：开鲁南-羊场220kV线路工程施工项目部；勘察负责人：李勇 勘察人员：[illegible] 作业项目：N#基础开挖；作业地点：开鲁县开鲁镇大有庄村 作业内容：基础施工；风险等级：□初勘 级 ☑复测 级 勘察的线路或设备的名称（多回应注明双重称号及方位）：开鲁南-羊场220kV线路工程 1. 需要停电的设备：本塔号组塔时无需要附近停电的设备 2. 保留的带电部位：本塔号组塔时无需要交叉跨越的部分 3. 交叉跨越的部分：无 4. 作业现场的条件、环境及其他危险点等： 作业现场全部处于平地内，运输车辆需穿行村镇道路。 5. 应采取的安全措施： （1）在村内道路通行时，要减速慢行，并随时注意村内各路口行人及车辆。 （2）由于距离房屋较近，不允许夜间施工，以免产生噪音扰民。 附图与说明： 注1：[illegible] 注2：[illegible] 注3：[illegible]	违章内容	工作负责人或工作票签发人未组织开展现场勘察。
		违反条款	《典型违章库——基建线路部分》第 41 条：未按规定开展现场勘察或未留存勘察记录；工作票（作业票）签发人和工作负责人均未参加现场勘察。
22		违章内容	汽车式起重机作业前未支好全部支腿。
		违反条款	《典型违章库——基建线路部分》第 54 条：车式起重机作业前未支好全部支腿；支腿未按规程要求加垫木。

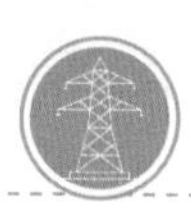

续表

序号	Ⅲ类严重违章		
23		违章内容	起重作业无专人指挥。
		违反条款	《典型违章库——基建变电部分》第31条：起重作业无专人指挥。
24		违章内容	U形环替代卸扣。
		违反条款	《典型违章库——基建线路部分》第50条：使用金具U形环代替卸扣；使用普通材料的螺栓取代卸扣销轴。
25		违章内容	在变电站基建作业现场作业人员穿越安全围栏。
		违反条款	《典型违章库——基建变电部分》第30条：作业人员擅自穿、跨越安全围栏、安全警戒线。

（五）一般违章

序号	一般违章		
26	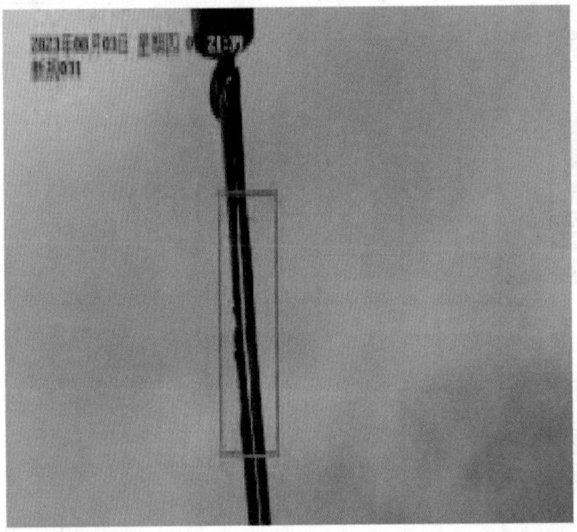	违章内容	现场使用的吊带磨损严重。
		违反条款	《典型违章库——基建线路部分》第 94 条：施工现场使用中的合成纤维吊装带、棕绳、化纤绳的表面质量有缺陷；未按出厂数据使用，出厂合格证上的数据缺失。
27		违章内容	灭火器欠压，压力指针在红色区域。
		违反条款	《典型违章库——基建线路部分》第 85 条：起重机未配备灭火装置；临近带电作业时，操作室未铺橡胶绝缘带；操作室存放易燃物品及堆放有碍操作的物品。

续表

序号	一般违章		
28		违章内容	绞磨磨绳缠绕少于5圈，且拉磨尾绳少于2人。
		违反条款	《典型违章库——基建线路部分》第87条：绞磨的磨绳从卷筒上方卷入，在卷筒或磨芯上缠绕少于5圈；绞磨卷筒与磨绳最近的转向滑车距离不足5m。绞磨拉磨尾绳少于2人（带尾绳自动收发装置的除外）。
29		违章内容	现场勘察记录中遗漏跨越的带电10kV线路。
		违反条款	《典型违章库——基建线路部分》第71条：现场勘察记录内容记录填写不全，未将对影响施工的风险因素全部填写在勘察记录中。

续表

序号	一般违章		
30		违章内容	基坑开挖时，堆土距坑边小于 1m。
		违反条款	《典型违章库——基建变电部分》第 87 条：基坑开挖时，堆土距坑边小于 1m，高度超过 1.5m。
31		违章内容	在挖掘机旋转范围内，有人进行其他作业。
		违反条款	《典型违章库——基建变电部分》第 89 条：机械开挖未采用"一机一指挥"，有两台挖掘机同时作业时，未保持一定的安全距离，在挖掘机旋转范围内，有其他作业。

续表

序号	一般违章		
32		违章内容	铁塔组立后，未及时与接地装置可靠连接。
		违反条款	《典型违章库——基建线路部分》第66条：铁塔组立过程中及电杆组立后，未及时与接地装置可靠连接；跨越带电线路施工前，杆塔、导地线、放线滑车和施工机械等接地未可靠连接。
33		违章内容	电缆隧道人孔盖开启后，未设置围栏，无人看守。
		违反条款	《典型违章库——基建变电部分》第53条：施工现场及周围的悬崖、陡坎、深坑、高压带电区等危险场所未设可靠的防护设施及安全标志；坑、沟、孔洞等未铺设符合安全要求的盖板或设可靠的围栏、挡板及安全标志。

续表

序号	一般违章		
34		违章内容	施工人员向深基坑内抛掷钢筋（基坑内多人正在作业）。
		违反条款	《典型违章库——基建变电部分》第 88 条：深基坑内钢筋安装时，未在坑边设置安全围栏，坑边 1m 内堆放材料和杂物。坑内使用的材料、工具上下抛掷。
35		违章内容	电动机械或电动工具未做到“一机一闸一保护”。
		违反条款	《典型违章库——基建变电部分》第 88 条：临时用电配电箱未接地，操作部位有带电体裸露。临时用电的电源线直接挂在闸刀上或直接用线头插入插座内使用。电动机械或电动工具未做到“一机一闸一保护”。

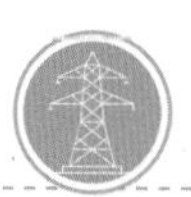

续表

序号	一般违章		
36		违章内容	吊运散热器时未使用控制绳。
		违反条款	《典型违章库——基建变电部分》第95条：吊装断路器、隔离开关、电流互感器、电压互感器等大型设备时，未在设备底部捆绑控制绳，防止设备摇摆。
37		违章内容	作业人员高空抛物。
		违反条款	《典型违章库——基建变电部分》第57条：高处作业人员随手上下抛掷工具、材料等物件。

续表

序号	一般违章		
38		违章内容	作业人员高空抛物。
		违反条款	《典型违章库——基建线路部分》第 67 条：高处作业时未将所用的工具和材料放在工具袋内或未用绳索拴在牢固的构件上；抛掷工具及材料。
39		违章内容	作业使用的卸扣横向受力。
		违反条款	《典型违章库——基建线路部分》第 88 条：使用中的卸扣横向受力。

续表

序号	一般违章		
40		违章内容	起吊物有棱角，未使用包垫。
		违反条款	《典型违章库——基建线路部分》第68条：起吊物体未绑扎牢固。物体有棱角或特别光滑的部位时，在棱角和滑面与绳索（吊带）接触处未包垫。
41		违章内容	牵引设备、张力设备操作人员未站在干燥的绝缘垫上。
		违反条款	《典型违章库——基建线路部分》第116条：张力放线时，牵张机操作人员未站在干燥的绝缘垫上或与未站在绝缘垫上的人员接触。

续表

序号	一般违章		
42		违章内容	作业层脚手板未铺满。
		违反条款	《典型违章库——基建变电部分》第 83 条：作业层脚手板未铺满、铺稳、铺实，作业层端部脚手板探头长度小于 150mm，其板两端均未与支撑杆可靠固定，脚手板与墙面的间距大于 150mm。
43		违章内容	绳卡固定连接时，正反交叉设置。
		违反条款	《典型违章库——基建变电部分》第 92 条：施工现场的钢丝绳做临时拉线时，绳卡压板未在钢丝绳主要受力绳上，绳卡正反交叉设置或绳卡数量不满足安规要求。

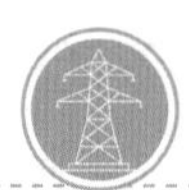

续表

序号	一般违章		
44		违章内容	监护人长时间从事与监护工作无关事情。
		违反条款	《典型违章库——基建变电部分》第52条：施工现场的专责监护人兼做其他工作。
45		违章内容	线盘放置滚动方向前后未掩牢。
		违反条款	《典型违章库——基建线路部分》第114条：人力及机械牵引放线时，线盘架不稳固，制动不可靠。

续表

序号	一般违章		
46		违章内容	消防器材摆放混乱。
		违反条款	《典型违章库——基建变电部分》第 63 条：消防设施未定期检查、试验，无防雨、防冻措施。

五、营销专业

营销专业“安全红线”

序号	分类	违章内容	违章性质	违章类别	违章记分
1	营销“红线”	无日计划（含临抢计划）作业，或实际作业内容与日计划不符。	红线违章	管理违章	12
2		无票（包括工作票及分票、动火票、现场作业工作卡等）工作。	红线违章	行为违章	12
3		单人无监护进行运用中的电能表、互感器等计量装置装拆作业。	红线违章	行为违章	12
4		停电作业未按要求停电、验电、接地或未在接地保护范围内作业。	红线违章	行为违章	12
5		冒险组织作业、违章指挥或未经工作票签发人和工作许可人审批超范围作业。	红线违章	管理违章	12
6		未经工作许可（包括在客户侧工作时，未获客户许可），即开始工作。	红线违章	行为违章	12
7		高压互感器现场校验工作中，变更接线或试验结束时未将升压设备的高压部分放电、短路接地；在带电的互感器二次回路上工作，未采取防止电流互感器二次回路开路（光电流互感器除外），电压互感器二次回路短路或接地的措施。	红线违章	行为违章	12
8		使用达到报废标准的或超出检验期的安全工器具。作业时未正确佩戴或使用安全帽、安全带、低压作业防护手套。	红线违章	管理违章	12
9		低压配电线路和设备上的停电作业，未采取防止反送电强制性技术措施。	红线违章	行为违章	12
10		营销现场作业约时停、送电。	红线违章	管理违章	12

营销专业典型违章图册

（一）红线违章

序号	红线违章		
1	 	违章内容	未经工作许可（包括在客户侧工作时，未获客户许可），即开始工作。
		违反条款	《国网蒙东电力“安全红线”》营销专业红线第5条：未经工作许可（包括在客户侧工作时，未获客户许可），即开始工作。
2	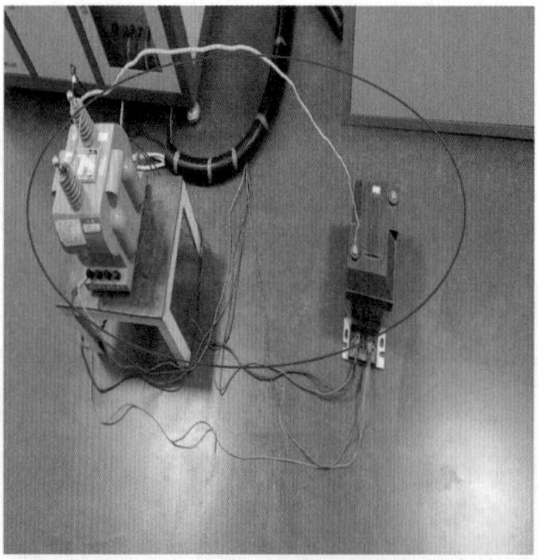	违章内容	现场效验时高压部分未短路接地。
		违反条款	《国网蒙东电力“安全红线”》营销专业红线第6条：高压互感器现场校验工作中，变更接线或试验结束时未将升压设备的高压部分放电、短路接地；在带电的互感器二次回路上工作，未采取防止电流互感器二次回路开路（光电流互感器除外），电压互感器二次回路短路或接地的措施。

续表

序号	红线违章		
3		违章内容	使用安全工器具未在检验期内。
		违反条款	《国网蒙东电力“安全红线”》营销专业红线第7条：使用达到报废标准的或超出检验期的安全工器具。作业时未正确佩戴或使用安全帽、安全带、低压作业防护手套。
4	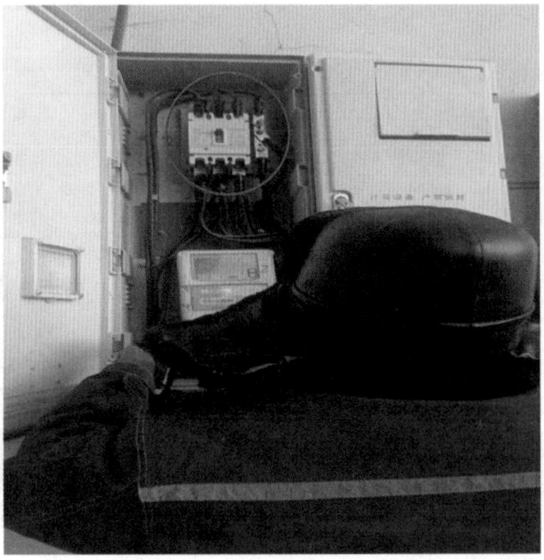	违章内容	客户侧有自备电源，现场作业时表后闸未断开。
		违反条款	《国网蒙东电力“安全红线”》营销专业红线第8条：低压配电线路和设备上的停电作业，未采取防止反送电强制性技术措施。

（二）Ⅲ类严重违章

序号	Ⅲ类严重违章		
5	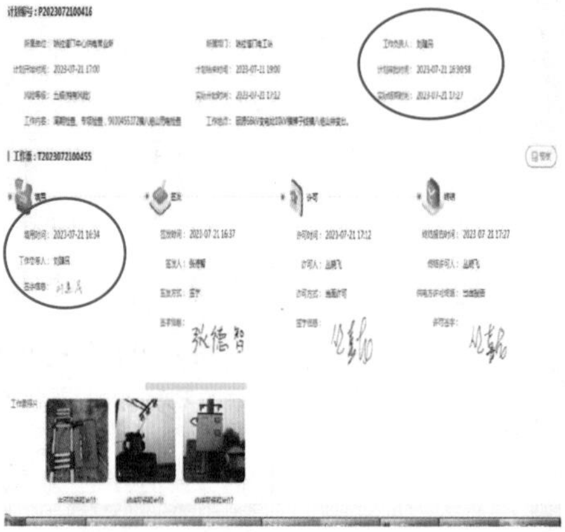 计划编号：P2023072100416 计划开始时间：2023-07-21 17:00　计划结束时间：2023-07-21 19:00 实际开始时间：2023-07-21 17:12 工作负责人：[illegible] 工作票：T2023072100455 2023-07-21 16:34　2023-07-21 16:37　2023-07-21 17:12　2023-07-21 17:27	违章内容	不具备“三种人”资质人员担任工作负责人。
		违反条款	《典型违章库——生产配电部分》第 43 条：不具备“三种人”资格的人员担任工作票签发人、工作负责人或许可人。
6	 301**344　150*****349　非三种人　无效　否 666**251　137*****932　非三种人　无效　2024-01-01　2024-12-31　否	违章内容	工作班成员并经考试合格上岗。
		违反条款	《典型违章库——生产配电部分》第 42 条：现场作业人员未经安全准入考试并合格；新进、转岗和离岗 3 个月以上电气作业人员，未经专门安全教育培训，并经考试合格上岗。

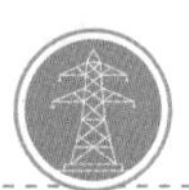

续表

序号	Ⅲ类严重违章		
7		违章内容	作业现场装设的工作接地线未在工作票上准确登录。
		违反条款	《典型违章库——生产配电部分》第78条：应拉断路器（开关）、应拉隔离开关（刀闸）、应拉熔断器、应合接地刀闸、作业现场装设的工作接地线未在工作票上准确登录；工作接地线未按票面要求准确登录安装位置、编号、挂拆时间等信息。
8		违章内容	现场装设接地线位置与工作票所列位置不符。
		违反条款	《典型违章库——生产配电部分》第78条：应拉断路器（开关）、应拉隔离开关（刀闸）、应拉熔断器、应合接地刀闸、作业现场装设的工作接地线未在工作票上准确登录；工作接地线未按票面要求准确登录安装位置、编号、挂拆时间等信息。

（三）一般违章

序号	一般违章		
9		违章内容	现场使用的螺丝刀裸露部分未采取绝缘包裹措施。
		违反条款	《典型违章库——生产配电部分》第 105 条：低压电气带电工作使用的工具，其金属导电部分未采取绝缘包裹措施。
10		违章内容	验电时未戴绝缘手套。
		违反条款	《典型违章库——生产配电部分》第 115 条：对设备进行验电、装拆接地线等工作时未戴绝缘手套。